建筑工业化关键技术研究与实践

中国建筑国际集团有限公司
深圳海龙建筑科技有限公司　编著
同　　济　　大　　学

U0305392

中国建筑工业出版社

图书在版编目(CIP)数据

建筑工业化关键技术研究与实践/中国建筑国际集团有限公司,深圳海龙建筑科技有限公司,同济大学编著,—北京:中国建筑工业出版社,2016.8
ISBN 978-7-112-19638-8

Ⅰ. ①建… Ⅱ. ①中…②深…③同… Ⅲ. ①建筑工业化-研究-中国 Ⅳ. ①TU

中国版本图书馆 CIP 数据核字(2016)第 182851 号

　　本书包括的主要内容有:绪论、建筑工业化相关设计理论、构件节点连接与控制技术、工厂化生产技术、装配式单元构件建造技术、一体化装修技术、信息化管理技术、质量与成本等内容。本书总结了作者多年来在建筑工业化领域关键技术研究与实践成果,理论实践紧密结合,为我国建筑工业化发展注入了新的动力。

　　本书可供从事建筑施工企业、部品生产企业的技术人员、管理人员使用。也可供从事建筑工业化研究、设计人员参考。

责任编辑:胡明安
责任校对:陈晶晶　李美娜

建筑工业化关键技术研究与实践

中国建筑国际集团有限公司
深圳海龙建筑科技有限公司　编著
同　　济　　大　　学

*

中国建筑工业出版社出版、发行(北京西郊百万庄)
各地新华书店、建筑书店经销
龙达图文制作有限公司制版
北京建筑工业印刷厂印刷

*

开本:787×960毫米　1/16　印张:13¾　字数:238千字
2016年9月第一版　2016年9月第一次印刷
定价:**40.00**元
ISBN 978-7-112-19638-8
(28485)

前　　言

　　随着我国经济社会的发展以及节能低碳环保理念深入人心，粗放式的高耗能的建造方式已不再适应市场发展要求，集约化、专业化、产业化、低碳化是必然的发展方向。传统建筑行业正在经历一场变革——像造汽车一样造房子，房子的各种功能构件正如汽车零件一样从工厂里批量生产出来，通过工业化手段，达到精准、快速、可控的目的。

　　近年来，随着建筑业体制改革的不断深化和建筑规模的持续扩大，建筑业发展较快，我国对住宅产业化进行了研究和推广，取得了一定成效。但从整体看，劳动生产率提高幅度不大，质量问题较多，整体技术进步缓慢，对建筑工业化的关键技术没有进行系统和深入的研究，至今没有形成配套的产业化技术规程和标准规范体系。为确保各类建筑产品特别是住宅建筑的质量和功能，必须优化产业结构，加快建设速度，改善劳动条件，大幅度提高劳动生产率，使建筑业尽快走上质量效益型道路，成为国民经济的支柱产业，建筑工业化关键技术研究与应用已经成为我国目前推进建筑工业化发展的一项重要工作。本书对建筑工业化关键技术进行了总结与推广应用介绍，期望为我国建筑产业现代化之路提供参考，从而加快建筑工业化关键技术在我国建筑工程项目中的应用进程。

　　本书从工业化概念到关键技术到推广应用，较全面地阐述了新型建筑工业化在工程中应用心得体会，尤其是标准化精细化设计、工厂化生产、装配化施工、一体化装修和信息化管理，同时还对产业质量与成本管理以及方案选择与成本分析做了介绍。另外，本书给出了四个应用案例，以展示建筑工业化关键技术应用的成功应用经验。

　　本书总结了作者多年来在建筑工业化领域关键技术研究与实践成果，兼顾了理论与实践。因此，本书既适用于建筑工业化关键技术相关领域的研究人员，又适用于建筑工业化的相关从业人员。对于研究与开发人员，本书提供建筑工业化关键技术研究与开发思路；对于行业从业人员，本书提供建筑工业化关键技术应用思路、方法与经验。

　　我们真诚希望本书的出版能为建筑行业工业化关键技术的研究与开发、推广与应用提供更多的参考，以加快建筑工业化技术在我国建筑业的推广步伐。

　　本书为研究成果与实践经验的总结，作为一家之言，难免存在值得商榷之处，欢迎广大读者提出宝贵意见。

本书编著委员会

2015 年 12 月 31 日

目　　录

第1章 绪 论

近年来，建筑业正在发生革命性变革，必将从粗放型走向集约型，逐步走上建筑产业现代化可持续发展道路。随着变革而来的是一系列的机遇与挑战，如何抓住机遇与迎接挑战？建筑工业化的结构体系是整个产业链中的重要环节，掌握建筑工业化关键技术，对于把握机遇与迎接挑战将成为重中之重。本章将对国外建筑工业化、香港建筑工业化以及我国内地建筑工业化简要介绍。

1.1 建筑工业化

建筑工业化，指通过现代化的制造、运输、安装和科学管理的大工业的生产方式，来代替传统建筑业中分散的、低水平的、低效率的手工业生产方式。它的主要标志是建筑设计标准化、构配件生产施工化，施工机械化和组织管理科学化。以工业化的方式重新组织建筑业是提高劳动效率、提升建筑质量的重要方式，也是我国未来建筑业的发展方向。

建筑工业化的概念是随西方工业革命而出现的，工业革命让造船、汽车生产效率大幅提升，随着欧洲兴起的新建筑运动，实行工厂预制、现场机械装配，逐步形成了建筑工业化最初的理论雏形。第二次世界大战后，西方国家亟需解决大量的住房而劳动力严重缺乏的情况下，为推行建筑工业化提供了实践的基础，因其工作效率高在欧美风靡一时。1974年，联合国出版的《政府逐步实现建筑工业化的政策和措施指引》中定义了"建筑工业化"：按照大工业生产方式改造建筑业，使之逐步从手工业生产转向社会化大生产的过程。它的基本途径是建筑标准化，构配件生产工厂化，施工机械化和组织管理科学化，并逐步采用现代科学技术的新成果，以提高劳动生产率，加快建设速度，降低工程成本，提高工程质量。

建筑工业化的基本内容是：采用先进、适用的技术、工艺和装备科学合理地组织施工，发展施工专业化，提高机械化水平，减少繁重，复杂的手工劳动和湿作业；发展建筑构配件、制品、设备生产并形成适度的规模经营，为建筑市场提供各类建筑使用的系列化的通用建筑构配件和制品；制定统一的建筑模数和重要的基础标准（模数协调、公差与配合、合理建筑参数、连接等），合理解决标准化和多样化的关系，建立和完善产品标准、工艺标准、企业管理标准、工法等，不断提高建筑标准化水平；采用现代管理方法和手段，优化资源配置，实行科学的组织和管理，培育和发展技术市场和信息管理系统，适应发展社会主义市场经济的需要。

传统建筑生产方式，是将设计与建造环节分开，设计环节仅从目标建筑体及结构的设计角度出发，而后将所需建材运送至目的地，进行露天施工，完工交底验收的方式；而建筑工业化生产方式，是设计施工一体化的生产方式，标准化的设计，至构配件的工厂化生产，再进行现场装配的过程。

根据对比可以发现传统方式中设计与建造分离，设计阶段完成蓝图、扩初至施工图交底即目标完成，实际建造过程中的施工规范、施工技术等均不在设计方案之列。建筑工业化颠覆传统建筑生产方式，最大特点是体现全生命周期的理念，将设计施工环节一体化，设计环节成为关键，该环节不仅是设计蓝图至施工图的过程，而需要将构配件标准、建造阶段的配套技术、建造规范等都纳入设计方案中，从而设计方案作为构配件生产标准及施工装配的指导文件。除此之外，PC 构件生产工艺也是关键，在 PC 构件生产过程中需要考虑到诸如模具设计及安装、混凝土配比等因素。与传统建筑生产方式相比，建筑工业化具有不可比拟的优势。

建筑工业化采取设计施工一体化生产方式，从建筑方案的设计开始，建筑物的设计就遵循一定的标准，如建筑物及其构配件的标准化与材料的定型化等，为大规模重复制造与施工打下基础。遵循工艺设计及深化设计标准，构配件可以实现工厂化的批量生产，及后续短暂的现场装配过程，建造过程大部分时间是在工厂采用机械化手段、由技术工人操作完成。

随着劳动力成本不断提高、劳动力数量相对不足、施工场地条件限制和环保要求日益提高等因素，建筑工业化快速发展的条件日益成熟，迎来了新的发展机遇，其优势主要体现在以下几个方面：

（1）缩短工期，提高施工效率

建筑工业化通过建筑设计标准化、建筑构件部品化、部品生产的工厂化、现场施工的装配化，可以大大缩短设计和现场施工的时间，加快建设速度。传统的建筑建设方式效率低下，建筑工人产量仅为 $28m^2/($人·年$)$ 左右，发

达国家可达 $150m^2/$（人·年）左右。与传统的现场混凝土浇筑、缺乏培训的低素质劳务工人手工作业对比，建筑工业化将极大提升工程的建设效率。发达经济体预制装配建造方式与现场手工方式相比节约工期可达30％以上。推行现代化的生产方式生产住宅，将大大提高建筑建设的速度。

（2）降低成本，提升经济效益

1）节约建造成本

首先，通过大规模、标准化的生产，将在劳务用工、材料节约、能耗减少等多角度降低建造成本。据多家大型企业实践来看，与传统现浇技术相比，采用新型建筑工业化方式，能大大减少木模板的使用量，也减少抹灰工作；

2）节约时间成本

构配件生产的规模化与机械化，将极大节约传统现场施工方式的时间，为开发商、建筑商均带来丰厚的时间价值；

3）节约维修成本

建筑工业化生产方式提升了建造标准，改善了建筑质量，使得建筑物具备较好的改造性与耐久性，将在一定程度上降低业主的维修成本。

总之，从全生命周期角度看，新型建筑工业化方式将以低成本建造高品质建筑，全面提升建筑物的性价比。

（3）提升品质，保障施工安全

建筑工业化是以建筑标准化、系列化和工业化为前提，大量采用机械设备替代手工现场作业，较好地避免构件尺寸不符合设计要求、裂缝、厨房卫生间漏水和窗台板、外墙渗水，水电管线及消防设施存在安全隐患等传统施工方式存在的通病，同时可以保证装修质量和方便使用过程中部品的维修更换，全面提高住宅的品质。据住建部有关资料，我国建筑的平均寿命不到 30 年，发达国家建筑平均寿命一般在 100 年以上。从最近日本发生的地震来看，产业化方式建设的建筑也较好地经受了 9 级大地震的严峻考验。并且传统建筑生产方式采取大量劳务工长时间的施工现场手工作业，极易导致工程事故的发生。据统计，每年建筑工程事故中，因高空坠物、坍塌、触电等工程事故占据很大比例，则构配件工厂化生产程度越高，对于施工安全隐患的规避程度越好。

（4）生态环保，降低资源消耗

在节能、节材、节水和减排方面效益显著。同时可以实现文明施工，有效改善施工环境，最大限度地减少对周边环境的影响。推进建筑工业化是实现国家发展战略的重要举措。

（5）低碳减排，实现可持续发展

为应对全球气候变化，我国政府在哥本哈根承诺到 2020 年单位 GDP 能耗下降 40％～45％，据统计，我国建筑运营、建材的生产和房屋建造总能耗占全国总能耗的 40％左右。根据联合国政府间气候变化工作组的估算，建筑行业到 2020 年有将基准排放降低 29％的潜力，居所有行业之冠。按保障性住房 50m²/套计，"十二五"期间建设保障性住房18 亿 m²，若采用工业化方式建造和运营，可以减少约 2 亿 t 的 CO_2 排放量。

长期以来，建筑业的劳动生产率提高速度慢，且大多数企业施工技术比较落后，科技含量低，施工效率差，劳动强度大，工程质量和安全事故居高不下，工程质量通病屡见不鲜，建设成本不断增大。在工程建设高潮的今天，建筑业企业必须从提升建筑施工质量、提高施工效率、加快工程进度、降低劳动者工作强度、降低能耗物耗、绿色环保的角度出发，全面提升施工技术水平。要实现建筑业的现代化，必须走工业化的道路，依靠科技进步，用设计标准化、构件部品化、施工装配化、装修一体化、管理信息化来实现建筑业的现代化。

1.2 国内外建筑工业化研究现状

1.2.1 国外建筑工业化发展

建筑工业化产生于 19 世纪的欧洲，由于工业化造房的建设速度快、效率高、质量可靠，成为许多西方国家解决二战后居住短缺问题的最佳选择，迅速实现了大规模住宅生产。发达国家的建筑工业化已发展到了相对成熟、完善的阶段。日本、美国、澳大利亚、法国、瑞典、丹麦是最典型的国家。

（1）欧洲以法国、德国、瑞典、丹麦等为代表

法国预制混凝土结构的使用已经历了 130 余年的发展历程，结构体系以预应力混凝土装配式框架为主（装配率达到 80％），钢、木结构体系为辅。流行焊接、螺栓连接等干法作业，结构构件与设备、装修工程分开，减少预埋，保证了生产和施工质量。

德国主要采用叠合板混凝土剪力墙结构体系，剪力墙、梁、柱、楼板、内隔墙、外挂板、阳台板、空调板等构件采用预制与现浇相结合的建造方式，并注重保温节能特性，目前已发展成系列化、标准化的高质量、节能的装配式结构体系。

瑞典在20世纪50年代开发了大型混凝土预制板的建筑体系，并逐步发展为通用部件为基础体系。目前新建建筑中，采用通用部件占80％以上，是世界上第一个将模数法制化的国家。

丹麦推行建筑工业化的途径是开发以"产品目录设计"为中心的通用体系，同时注意通用化基础上实现多样化。

（2）北美以美国等为代表

1900年，美国创制了一套能生产较大的标准钢筋混凝土空心预制楼板的机器，并用这套机器制造的标准构建组装房屋，实现了建筑工业化。工业化建筑体系是从建造大量的建筑如学校、住宅、厂房等开始的。建筑工业化明显加快了建设速度，降低了工人的劳动强度，并使效益大幅度提高。但建筑物容易单调一致，缺乏变化。为此，工业化建筑体系发展将房屋分成结构和装修两部分，结构部分用工业化建筑手段组成较大的空间，再按照不同的使用要求，用装修手段，灵活组织内部空间，以使建筑物呈现出不同的面目和功能，满足各种不同的要求。

1976年美国国会通过了国家工业化住宅建造及安全法案，同年开始出台一系列严格的行业标准规范。除了注重质量，更注重提升美观、舒适性及个性化。现在每16人就有1人居住在装配式住宅里，并成为非政府补贴的经济适用房的主要形式。

（3）亚洲以日本、新加坡等为代表

日本1968年提出装配式住宅的概念，1990年推出了采用部件化、工业化生产方式、高生产效率、住宅内部结构可变、适应居民多种不同需求的"中高层住宅生产体系"，经历了从标准化、多样化、工业化到集约化、信息化的不断演变和完善过程。在此期间建筑的预制混凝土结构经历了1998年阪神7.3级大地震的考验。

新加坡的建筑一般为15～30层的单元式高层住宅，自20世纪90年代开始尝试采用预制装配式建造，现已发展较成熟，预制构件包括梁、柱、剪力墙、楼板、楼梯、内隔墙、外墙、走廊、女儿墙、设备管井等，预制率达到70％以上。

1.2.2 中国香港建筑工业化发展

香港是世界著名的移民城市，居民大多数是由外地迁移而来。20世纪50年代的香港人口仅有236万人，20世纪60年代初期，大量资金、技术和劳动力纷纷涌入香港，每年新增人口数十万人。由于房屋建造速度赶不上居民的增长，许多人不得不栖身于简陋的所谓寮屋内。

香港的工业化起源于 1953 年，当地石硖尾棚户区一场大火造成了 5 万多人无家可归，为了解决当时灾民居住问题，当时的香港政府启动了公屋计划，开始了多年不懈的公屋发展和建设，并于 1973 年成立香港房屋委员会。

最先作为预制构件生产的是最简易的洗手池和厨房灶台，通过工厂化生产，质量不但得以保证，施工速度也加快了，现场产生的建筑垃圾也减少了，取得较好的效果。紧接着，香港房屋委员会进一步推动建筑工业化，将施工现场最浪费模板、最费工时的楼梯也进行预制，1990 年又推行更大尺寸的房屋预制构件，把传统的砌筑内隔墙改为预制条型墙板，预制内墙板可以加快施工速度，增加使用面积，节约人工和材料，减少建筑垃圾。私营建筑商看到公屋建设中的预制内墙板良好的经济效益，也大面积采用。

由于预制混凝土外墙板解决了框架填充砌块外墙的渗漏问题。同时外墙的瓷砖饰面甚至是石板饰面，也都可以在预制构件厂内和构件浇筑在一起，大大减少了高层建筑时有发生的外饰面跌落事故。1998 年以后，私人楼宇（即商品房开发项目）也开始应用预制外墙技术。为鼓励发展商提供环保设施、采用环保建筑方法和技术创新政府出台了相关鼓励政策，提出可以将预制件的预制外墙面积进行出售，而后预制构件开始大量适用于私人房屋项目。预制外墙板生产得到了普及，从而使香港工业化技术得到了广泛应用。在私营公司建造的永久性房屋（即商品房）中，采用建筑工业化方式建造的占 49%，在公营租住房屋（即香港房屋委员会建造的公屋）的占 31.9%，在香港房屋委员会资助的出售单位（类似内地的经济适用房）的占 16.1%。

直至今天，由于绝大部分的住宅（含公屋和私营项目）采用了建筑工业化技术，一些大型建筑公司纷纷到珠江三角洲地区开设预制构件厂。利用内地劳动力低廉的优势，工厂内生产预制构件，然后运到香港工地进行简单的安装。现场工人数量减少，施工效率大大提高，体现了构件生产工厂化、施工机械化的优越性，同时大大提高了房屋品质，减少了资源浪费。

1.2.3 我国内地建筑工业化发展

我国与国外基本上是同一时间开始推行建筑工业化。在 20 世纪 50 年代，国内在借鉴前苏联和南斯拉夫的经验基础之上，开始在全国建筑业实行标准化、工厂化、机械化，大力发展预制构件和预制装配建筑，提出了自己的建筑工业化之路。

1956 年 5 月 8 日，国务院出台《关于加强和发展建筑工业的决定》，这是我国最早提出走建筑工业化的文件，文件指出：为了从根本上改善我国的建筑工业，必须积极地、有步骤地实现机械化、工业化施工，必须完成对建筑工业的技术改造，逐步地完成向建筑工业化的过渡。到"一五"结束时，建工系统在各地建立了 70 多家混凝土预制构件加工厂，除了基础和砌墙外，柱、梁、屋架、屋面板、檩条、楼板、楼梯、门窗等基本上采用预制装配的办法。同时，在借鉴国外经验的基础上，我国建筑工业化重点发展标准设计，国务院指定原国家建委组织各部 1～2 年内编出工业和民用建筑的主要结构和配件的标准设计；原建筑工程部在 1956 年内编出工业建筑通用的主要结构和配件的标准设计；当时的各工业部和铁道、交通、水利、邮电、森林工业各部在 1957 年底前编出本部门专业建筑的主要结构、配件的标准设计；原城市建设部在 1956 年内编出民用建筑的主要结构、配件的标准设计。由原国家建委负责组织有关部，尽快地编出照明、供暖、防空、给水排水等技术规范，在短期内编出目前缺少的各种预算定额，并提出简化预算的办法。各有关部负责编制该部所属设计机构必需的各种专业技术规范。这些标准设计和规范陆续出台，为建筑工业化奠定了坚实的基础。

1966 年，江苏建科院和广西建筑科学研究所等建筑科研机构开始研究和推广装配化程度较高的混凝土空心大板住宅工艺，并获得成功，为全国建筑工业化从工业项目继而转向民用项目的延伸打下基础。

从 20 世纪 70 年代初到 80 年代中期，我国大规模发展建筑工业化，虽然经历了"文革"时期的短暂停滞，但我国对建筑工业化的积极探索，取得了一定的成果，为今后的发展打下了一定的技术基础。

1978 年，原国家建委在新乡召开了建筑工业化规划会议，会议要求到 1985 年，全国大中城市要基本实现建筑工业化，到 2000 年，全面实现建筑工业的现代化。

20 世纪 80 年代以后，全国建筑工业化的试点工作主要围绕以大板建筑为重点的墙体改革，在管理体制、设计标准化、构件装配生产工厂化、施工机械化等方面进行一系列的改革，取得一定成效，为我国大力发展建筑工业化积累了宝贵的经验。由于计划经济体制下企业缺乏技术创新的动力，以至于直到 20 世纪 90 年代初，我国的建筑技术都没有实质提高，建筑工业化水平几乎处于停滞状态。

20 世纪 80 年代末，商品住宅、福利分房兴起，现浇技术也不断提升，我国建筑工业化又出现了短暂的停滞，但由于建筑能耗、建筑污染等问题的出现，建筑工业化又被重新提出，我国建筑工业化进入了新的发展时期。

1995 年，国家建设部发布了《建筑工业化发展纲要》。根据现行规范标准，工业化建筑体系是一个完整的建筑生产过程，即把房屋作为一种工业产品，根据工业化生产原则，包括设计、生产、施工和组织管理等在内的建造房屋全过程配套的一种方式。工业化建筑体系分为专用体系和通用体系两种。工业化建筑的结构类型主要为剪力墙结构和框架结构。施工工艺的类型主要为预制装配式、工具模板式以及现浇与预制相结合式等。

另外，随着商品房的大量推出，房地产市场的形成，我国建筑工业化和建筑产品工厂化生产发展呈现了向大规模住宅工业化生产集团的整合方向发展、住宅开发向工业化生产的集成化方向发展的趋势。"住宅产业化"代替了"建筑工业化"成为国家建设部大力发展的方向。

1994 年，国家"九五"科技计划"国家 2000 年城乡小康型住宅科技产业示范工程"中系统化地制定了中国住宅产业化科技工作的框架；1996 年，国家建设部发布了《住宅产业现代化试点工作大纲》，提出了利用 20 年的时间，分 3 个阶段推进住宅产业化的实施规划；1998 年，国家建设部组建了住宅产业化促进中心，具体负责推进中国住宅的技术进步和住宅产业现代化工作；1999 年国务院办公厅转发了建设部等部委《关于推进住宅产业现代化，提高住宅质量的若干意见》，明确了推进住宅产业现代化的指导思想、主要目标、工作重点和实施要求；2001年，由国家住房和城乡建设部批准建立的"国家住宅产业化基地"开始试行，并于 2006 年下发《国家住宅产业化基地试行办法》文件，国家住宅产业化基地开始正式实施，力图通过住宅产业化基地建设带动住宅产业化发展。

"十二五"期间，住建部提出 3600 万套保障房建设目标，这使保障房成为建筑工业化的最佳试验田，推进建筑工业化的重要突破口。

走中国特色新型工业化道路，推动新型建筑工业化发展，是新时期党中央、国务院确定的一项重大战略，是全面建成小康社会的重大举措。在住房和城乡建设领域推动新型建筑工业化发展，是关系到住房和城乡建设全局紧迫而重大的战略任务，也是落实科学发展观的重要体现。

在推动过程中，必须首先要对新型建筑工业化有一个较全面的理解，只有理解了才能明确方向、只有理解了才能下定决心、只有理解了才能科学发展。谁对新型建筑工业化理解得深、认识得早、行动得快、落实得好，谁就会在新一轮发展中赢得主动、赢得先机、赢得未来。

国务院办公厅转发了国家发展改革委员会、住房和城乡建设部《绿色建筑行动方案》（国办发〔2013〕1号文件），将推动建筑工业化作为一项重要内容。党的十八大报告明确提出，"要坚持走中国特色新型工业化、信息化、城镇化、农业现代化道路，推动信息化与工业化深度融合"。走中国特色新型工业化道路，推动建筑工业化发展，是党中央、国务院确定的一项重大战略，是全面建成小康社会的重大举措，也是关系到住房和城乡建设全局紧迫而重大的战略任务。

建筑工业化是我国建筑业的发展方向。随着建筑业体制改革的不断深化和建筑规模的持续扩大，建筑业发展较快，物质技术基础显著增强，但从整体看，劳动生产率提高幅度不大，质量问题较多，整体技术进步缓慢。为确保各类建筑最终产品特别是住宅建筑的质量和功能，优化产业结构，加快建设速度，改善劳动条件，大幅度提高劳动生产率，使建筑业尽快走上质量效益型道路，成为国民经济的支柱产业。

1.3 建筑工业化面临主要技术难题

香港建筑工业化通过借鉴发达国家技术，结合当地建筑工业发展状况，取得了一定的突破，但仍然存在以下重大技术难题亟待解决：

研究建筑工业化结构体系、预制件产品设计、制造及安装标准化成套技术以彻底解决建筑工业化大规模推广应用技术瓶颈已成为当前实现建筑工业化当务之急；

研发建筑预制件系列化产品以满足社会各阶层消费人群需要，努力突破高端产品开发，实现建筑工业化产品行业全覆盖，是提升建筑工业化核心技术竞争能力的唯一技术路径；

研发建筑工业化预制构件设计、生产、运输、安装及保养全过程信息化管理技术，实现建筑构件单元信息及位置的实时跟踪，达至全面精细化管理水平，彻底改变建筑行业粗放、高能耗和环境污染严重的传统感观是建筑工业化时代技术进步之最重要技术特征。

1.4   研究内容及方法

瞄准建筑工业化相关领域的国际前沿，围绕建筑工业化发展中的重大需求，率先对建筑工业化关键技术进行了系统研究。具体研究总体思路如下：

（1）组织科研、设计、开发与施工单位进行联合攻关，先后进行了 1 次风洞试验、2 次地震模拟实验、40 次构件节点连接及防水设计试验；60 次 GRC 预制构件复合、制作及安装试验；86 次整体预制卫生间模具设计、生产优化、节点安装等试验以及多次信息化管理试验；

（2）积极开发和推广应用新工艺、新技术、新设备、新材料。

（3）理论联系实际，研究成果已成功应用于建筑工程 90 余项，项目涵盖了香港公营房屋、私营房屋、高端别墅住宅、公共建筑、土木工程等，并在澳门和内地进行了推广应用。

（4）技术总结与提炼，研究成果从精细化设计、工厂化生产、装配式施工、一体化装修、信息化管理等五方面进行总结与提炼，形成了建筑工业化成套关键技术，为高效利用资源、节约材料、扩大使用空间，实施绿色建筑和绿色施工提供了技术支撑。

研究成果紧密围绕建筑工业化关键技术存在的难点，组织技术攻关，经过精心策划、研究、工程实践，取得了突破创新性成果，成果研究技术路线如图 1.4-1。

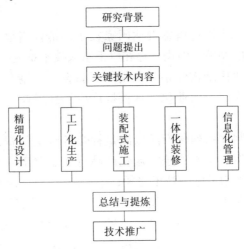

图 1.4-1   研究技术路线

第 2 章 建筑工业化相关设计理论

传统的生产方式，是将设计与建造环节分开，设计环节仅从目标建筑体及结构的设计角度出发，而后将所需建材运送至目的地，进行露天施工，完成交底验收的方式；而建筑工业化生产方式，是设计施工一体化的生产方式，标准化的设计方式。工业化设计相较于传统设计区别在于建立了相对完整的标准化设计体系。建筑工业化生产的产品与前期的设计紧密相关，在建筑项目立项初期就要考虑建筑设计对建筑工业化建造的影响。一个建筑项目的设计涉及多个不同专业领域，如建筑方案规划设计、结构设计、给排水设计等等。本文仅就与建筑工业化制造紧密相关的建筑设计和结构设计设计理论专门论述。对建筑设计其基本理论就是：1. 单元功能集成化；2. 户型标准化和模块化；3. 功能构件标准化。

对结构设计就是，依据装配式建筑结构的不同结构类型，如装配式钢筋混凝土框架结构、装配式钢筋混凝土框架-剪力墙结构、装配式钢筋混凝土剪力墙结构，考虑现浇部分和预制构件部分在节点相连的特殊性，采用"结构受力与现浇结构等同"的设计理论对装配式钢筋混凝土结构进行结构设计。因此，对结构设计简而言之基本理论就是：与现浇结构等同的强节点设计。

2.1 单元功能集成化

与常规现浇结构相比，工业化建筑最本质区别在于是否存在一定数量的预制构件，如何将建筑物主体结构拆分成一系列既满足标准化又满足多样化的预制构件，是我们研究人员和设计人员的首要任务和技术难题。

一般拆分形式有两种：一种是将房屋的墙和楼板等分解为平面构件，在工厂进行生产，结构形式包括钢筋混凝土结构、钢结构、木结构等，这里只研究钢筋混凝土结构。有的在工厂直接将门窗安装好，甚至有的将外装修、内装修、保温层等全集成为一体，最大限度地减少现场安装。

另一种方式是将房屋分解为立体空间单元,每一个单元体在工厂的流水线上生产,出厂时将单元体的墙、楼板、设备、装修等所有构件和部品都已安装完毕,运到现场进行大的组装,数小时后,至少在外形上一栋房屋便拔地而起,剩下工作仅是室内连线和连接部处理。单元体的大小取决于道路运输条件和房屋形状。采用这种方式的工业化程度更高,但比之前者,工厂生产效率和运输效率稍低,为调整工期而存放所需的空间也大。其更大意义和价值是,房屋作为一种商品,实现了房屋的商品化。

为保证拆分的预制构件安装后与主体受力结构可靠连接,设计基本理念至关重要。目前比较出名也为我国广大设计人员和研究学者熟知的有日本的 SI 住宅 (Skeleton and Infill);KSI 住宅 (Kikou Skeleton and Infill Housing);CHS 百年住宅建设系统 (Century Housing System 的缩写)。为方便对比,下面简单介绍一下日本设计理念,紧接着重点介绍中国香港和谐式公屋设计理念。

1. SI 住宅要点

(1) Skeleton 与 Infill 充分考虑建筑物中材料的使用年限及空间利用主体的差异,从而谋求两者分离;

(2) 确保骨架结构的耐久性及耐震性;采取相关措施减轻建筑物的老化程度和提高地震时的安全性;

(3) 确保建筑物的维持管理及更新的容易性;

(4) 确保住户内装修及设备 (Infill) 的可变性及所需空间;骨架结构内的空间面积 (Skeleton 面积和) Skeleton 净高需保证住户的可变性;确保住户内的采光及通风要求;

(5) 确保舒适、宽裕的居住性能;要对骨架作出规划,确保公用部分 (走廊、楼梯、共用设施等) 在空间上宽裕;确保邻里间隔声性能;

(6) 须考虑建筑物与周边环境的和谐。

2. KSI 住宅要点

(1) 先铺地板后立墙的方式;

(2) 铺设型地板;

(3) 地板下配线管道,保证约 300mm 高空间;

(4) 地板下配线,电线不埋在楼板里;

(5) 胶带线槽施工法,电线不埋在楼板里;

(6) 共用排水管:设置在住户外;

(7) 排水接头:实现放坡只有 1/100 的排水。

3. CHS百年住宅建设系统要点

（1）可变性原则：可对房间的大小及户型布置进行调整更换。将住宅的居住领域与厨、厕、浴的用水区域分开，通过提高居住区域的可变自由度，居住者可以根据自己的爱好和生活方式进行空间分隔，也可配合高龄化带来的生活方式的变化进行变更，让住宅具有长期的适应性。

（2）连接原则：在不损伤住宅本体的前提下更换部品。将构成住宅的各种构件和部品等按耐用年限不同进行分类，设计上应考虑好更换耐用年限短的部品时，不让墙和楼板等耐用年限长的构件受到损伤，以此决定安装方法和采取方便修理的措施。

（3）独立、分离原则：预留单独的配管和配线空间。不把管线埋入结构体内，从而方便检查、更换和追加新的设备。

（4）耐久性原则：提高材料和结构的耐久性能。基础和结构应结实牢固，具有良好的耐久性，为提高其耐久性，可采取加大混凝土厚度，以涂装或装修加以保护，对木结构应采取防湿、防腐、防蚁处理等措施。

（5）保养、检查原则：建立有计划的维护管理的支援体制。应建立长期修缮计划和确保实行管理、售后服务及有保证的维护管理体制。

（6）环保原则：要考虑环保因素。应考虑好节能，积极选用可循环再利用的部品和建材，抑制室内空气污染物质，做好环保计划。

香港公屋原先的设计方案大多千篇一律，但随着时代的变化经过不断改进，由原来的内走廊、两边排列居室的板式平面布局，发展到20世纪90年代的电梯间设在中间，每个单元均有阳台和洗手间的高层井式平面布局。这种布局在香港被命名为"和谐式"设计，其一直影响着香港的高层住宅设计。

香港的公共房屋型式的演进大致可以分为4个阶段：第1代：20世纪50～60年代的H型公共房屋；第2代：20世纪70年代的双塔式和改良版的H型公共房屋；第3代：20世纪80年代的Y型公共房屋；第4代：20世纪90年代的和谐式公共房屋。香港公屋各代形式如图2.1-1。

香港公屋的设计方案由第1代公屋内走廊、两边排列居室的板式平面布局，发展到第4代公屋的电梯间设在中间，每个单元均有阳台和洗手间的高层井式平面布局。其间经历了从非自足到自足（即有独立厨房和卫生间的住房，否则为非自足），自足单位的面积和房间数不断增加，设施和装修标准不断提高，并最终形成第4代中多种系列的标准化设计。

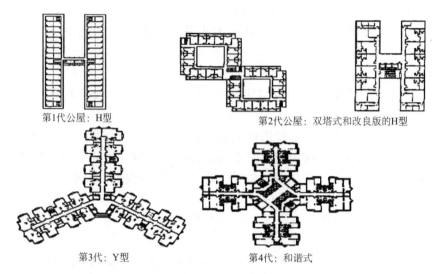

第1代公屋：H型

第2代公屋：双塔式和改良版的H型

第3代：Y型

第4代：和谐式

图 2.1-1　香港公屋各代形式

并且第 4 代的和谐式设计一直影响着香港的高层住宅设计。香港公屋常见预制部位见图 2.1-2。

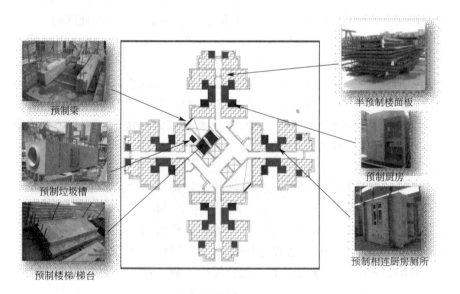

预制梁

预制垃圾槽

预制楼梯/梯台

半预制楼面板

预制厨房

预制相连厨房厕所

图 2.1-2　中国香港公屋常见预制部位

　　和谐式公屋系列采用标准组合的设计，既可灵活改变楼宇居室的组合，又能保持建筑工程和各项细节的高质量。和谐式公屋设计把不同数目的一房、两房和三房居室组合起来，便可建造出不同的建筑外形。在设计中，首先着手解决了楼宇单位规划设计的复杂问题，尤其是厨房、浴室及阳台的位置。房间的尺寸相互配合，部分主要的建筑构件尺寸划一。这样，可使构件在工厂大量生产，而质量亦有较大改进。这些预制好的构件，送到工地后只待安装。由于和谐式公屋设计采用构件组合及尺寸配合的新概念，加上简单的结构，使承建商在施工过程中，可以采用更佳及更先进的模板系列。因此，中国香港公屋的标准化设计为施工预制装配化奠定了基础，进而大大推动了中国香港住宅产业化的发展。

2.2 户型标准化和模块化

中国香港公屋标准户型有 4 种：1/2P；2/3P；1B；2B。由这四种户型组成的各个项目的主体建筑，组成形状最常见有 X 型和 Y 型，即上文介绍的和谐式公屋设计，反之和谐式公屋拆分设计单元也即为该系列标准户型。图 2.2-1～图 2.2-6 为几种户型标准和模型。

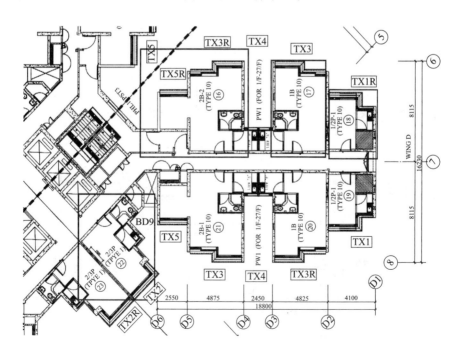

图 2.2-1 中国香港公屋标准户型组合举例

图 2.2-2　中国香港公屋标准户型 BIM 模型

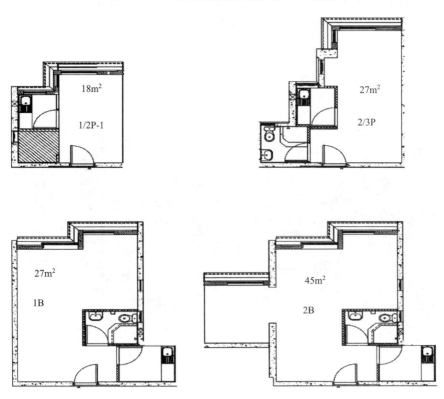

图 2.2-3　中国香港公屋标准户型

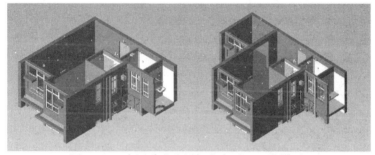

图 2.2-4 中国香港公屋标准户型（BIM 模型）

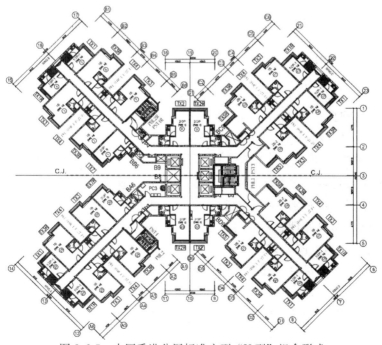

图 2.2-5 中国香港公屋标准户型"X 型"组合形式

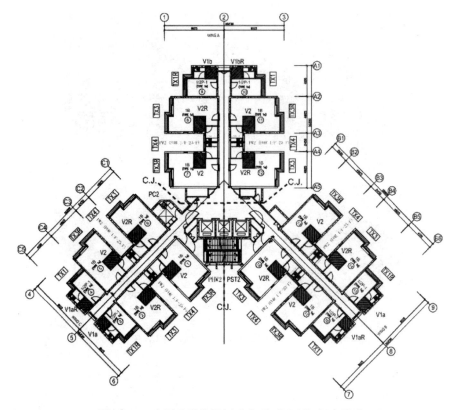

图 2.2-6　中国香港公屋标准户型 "Y 型" 组合形式

1/2P 户型：约 18m²，可供一人或两人居住。

2/3P 户型：约 27m²，可供两人或三人居住。

1B 户型：约 27m²，可供夫妻带小孩居住。

2B 户型：约 45m²，可供夫妻带小孩带老人居住。

标准设计在中国香港工业化取得了巨大的成功，为内地推广建筑工业化奠定了理论基础。在安徽省合肥市公租房项目中，我们借鉴香港工业化和谐公屋设计理念，同时考虑我国居民生活习惯，拆分了三种标准户型（图 2.2-7～图 2.2-9）。

该三种户型符合《建筑模数协调标准》GB/T 50002—2013 的要求；采用预制墙板，叠合楼板的模板类型，得到最大的使用率；户型方正，空间紧凑，使用率高，每户均有两个南向采光主要空间，通过内采光井布置明卫明厨，采光通风良好。适应多种户型比的规划要求和灵活的单元组合方式，最大化实现产业化的需求。

经济指标:

总建设用地面积	16.82万m²	
总建筑面积	51.84万m²	
地上总建筑面积	45.88万m²	
平均容积率	2.72	
其中	住宅	42.01m²
	公共配套	3.87万m²
住宅总套数	7644套	
其中	30型	522套	6.8%
	40型	522套	6.8%
	50型	6600套	86.4%

图 2.2-7 安徽省合肥市公租房项目

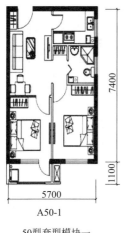

A50-1

50型套型模块一

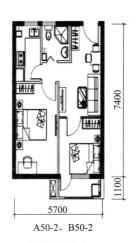

A50-2、B50-2

50型套型模块二

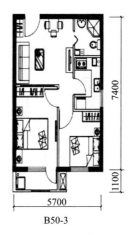

B50-3

50型套型模块三

图 2.2-8 50m² 标准化模块

　　A 型组合形式由 7 套 50m²，1 套 40m² 标准户型组成，1 梯九户，集成度高。公共区域采用同廊式，进深 7.4m，同行方便（图 2.2-10）。

　　B 型组合形式由 6 套 50m² 标准户型组成 1 梯六户，空间布置合理，使用率高。采用独栋和双拼的单体形式，丰富了规划空间形态（图 2.2-11）。

30型套型模块　　　　　　　　　　40型套型模块

图 2.2-9　30m² 、40m² 标准化模块

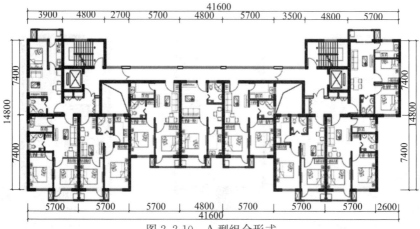

图 2.2-10　A 型组合形式

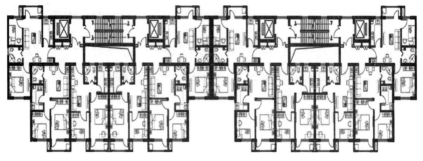

图 2.2-11　B 型组合形式

2.3 功能构件标准化

香港公屋拆分为 4 种标准户型,进而标准户型拆分为一系列标准化构件。由目前 4 种标准户型拆分的主要标准化构件有预制外墙板、叠合楼板/全预制楼板、整体预制卫生间、内隔墙等。公共区域拆分的标准构件还有预制垃圾槽、预制梁、预制楼梯、预制梯台、预制女儿墙、预制水缸等构件。中国香港公屋标准户型拆分构件示意图见图 2.3-1。

图 2.3-1 中国香港公屋标准户型拆分构件示意图

标准户型拆分的整体预制卫生间有 3 款:VPB1-VPB3,该类构件在本书第 4 章节将详细论述;楼板及隔墙以及其他预制构件根据户型组合形式以及功能分区不同导致拆分款式不固定,该类构件一般属于平板构件,款式对模具影响较小;预制外墙板主要有 5 款:TX1-TX5,本节重点介绍外墙板设计模型。

基于 BIM 平台,研究预制外墙板 TX3。该款混凝土方量约为 2.2m³。外形较复杂,属异形板。若采用现场浇筑方式施工,存在支模较困难且繁琐,高空作业绑扎钢筋存在安全隐患,浇筑混凝土时不容易保证混凝土密实度等一系列问题。采用工厂预制,当规模达到一定数量,采用钢模生产,批量出货，质量、施工方便性、安全、成本均达到较好效果（图 2.3-2）。

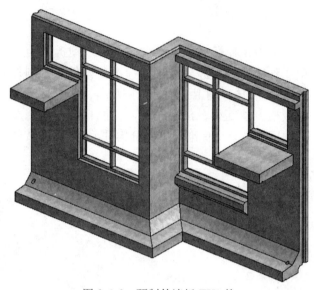

图 2.3-2   预制外墙板 TX3 款

中国香港公屋层高较矮，一般为 2.75m，若采用常规内浇外挂，即先安装外墙板，再支模现浇梁板，室内空间将受影响。和谐式公屋设计时，考虑将外墙板挂在两侧剪力墙，顶部挂在楼板中。受力路径为外墙板自重及承受的风荷载传递给外墙板上下部分（简化上下梁模型），上下部分传递给两侧剪力墙（图 2.3-3、图 2.3-4）。

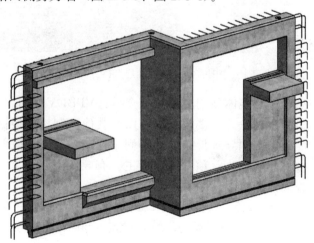

图 2.3-3   预制外墙板 TX3 款（一层）节点连接

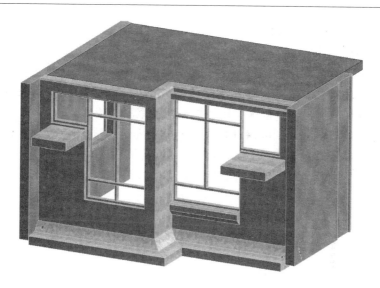

图 2.3-4　预制外墙板 TX3 款（标准层）与主体连接

2.4　现浇结构等同的强节点设计

　　装配式结构在国外已经发展应用多年，在中国香港也出现了较多的装配式结构。对于装配式结构设计的首要任务是采取合理的结构力学模型。对于装配式建筑结构，其最大的薄弱环节就是预制构件相互间的节点连接。由于在预制构件之间的相互连接无论如何精心考虑，与整体浇筑相比仍然存在某些理论上的缺陷，即装配式结构的整体性比现浇结构要差。但是，根据工程实践，对节点连接设计采取比现浇结构更严格的特殊措施，则可以尽量减少这种差异，这种理论可以称之为"现浇结构等同的强节点设计"，这已经被实践所证实，即强节点设计保证了装配式结构和现浇结构在结构整体受力基本相同，这样就可以完全借助现浇混凝土结构的力学分析模型对装配式结构进行分析设计。

　　结合工程实践和模型试验，强节点设计理论主要表现在以下几个方面：

　　1）材料的力学性性能、耐久性能等各项工程力学指标均比现浇结构更加严格。比如，预制节点直接采用的现浇混凝土或灌浆砂浆，其强度就比相连的预制构件的混凝土强度一般提高一个等级，采用无收缩膨胀混凝土，这样就可以补偿节点薄弱层所存在的缺陷，至少可以保证预制构件之间的连接整体性能不低于现浇节点。

2）加大强度安全储备。这明显体现在荷载效应系数放大，荷载分项系数比相连的主体预制构件更大，而材料设计强度则折减较多，取相对较低值，这样一来，节点的安全储备大大增加。另外，在节点设计的构造方面也相应加强构造措施，比如加大配筋率等。

通过强节点设计，可以补偿在节点连接处存在的天然不足，从而让预制构件形成整体，基本达到与现浇结构等同的力学效果。这样一来，现浇整体结构的基本设计原理和理论就可以应用于预制装配式结构了。

第3章 构件节点连接与控制技术

与现浇结构相比，工业化建筑设计较复杂，在常规施工图设计的基础上，还包含构件节点连接设计。构件节点连接设计指在施工图的基础上，对构件进行拆分，并结合生产实际情况，对构件及构件连接节点进行细化、完善。精细设计后的图纸满足生产要求，符合相关地域的设计规范，并通过审查，能直接指导现场施工。精细化设计直接关系到工业化建筑的整体性和施工便利性，对建筑质量和建造效率意义重大，优秀的精细化设计将大幅降低工程造价，提升工程质量。

3.1 先装法预制外墙连接节点设计

当预制外墙板作为建筑的"外衣"悬挂于梁板柱等受力构件时，该构件为非受力构件，与受力构件之间采用柔性连接。如何保证受力构件与非受力构件之间的合理传力路径，将影响装配式建筑的质量。另一方面，为解决传统现浇方式外墙容易渗水、脱灰、开裂现象，选择合理的连接节点及防水设计至关重要。通常节点设计需同时考虑受力以及防水，为表述清楚，本文根据重要性分别表述节点设计和防水设计。

根据建筑工业化不同结构体系特点，在内浇外挂体系中应用"先装法"节点设计。该技术先安装预制外墙板，后现浇梁、板受力构件，节省现浇梁或楼板侧向模板，预制构件外伸钢筋锚入上部梁或楼板，两侧锚入墙或柱中，与受力构件连接紧密，同时不传递竖向荷载和侧向剪力，从而到达柔性连接的目的。

3.1.1 首层楼面与构件连接节点设计

首层楼板预留 150mm 宽的挑板，用以承载外墙构件；挑板外侧浇筑做成 75mm 凹口，构件底部预制成 75mm 凸口，使现浇结构与预制构件之间相接，接缝内填充防水材料，且接缝低于室内地坪（图 3.1-1）。

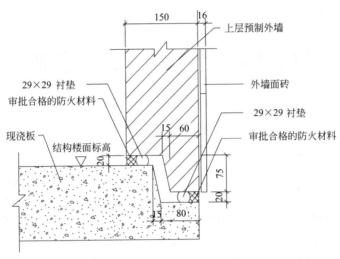

图 3.1-1　首层楼面与构件连接大样

3.1.2　层间构件连接节点设计

下层外墙板顶部预留钢筋，锚固到现浇梁中，待墙板用临时支撑系统固定后，绑扎现浇梁并浇筑混凝土。两侧锚入墙或接缝处填充防水材料。柱中，与受力构件连接紧密，同时不传递竖向荷载和侧向剪力，从而到达柔性连接的目的。靴脚，结构企口以及防水材料组成多道止水防线，从而避免传统外墙渗水而带来的一系列问题，见图 3.1-2(*a*) 和图 3.1-2(*b*)。

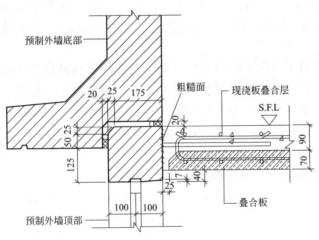

(*a*) 预制外墙与预制楼板节点大样

图 3.1-2　公营房屋连接节点

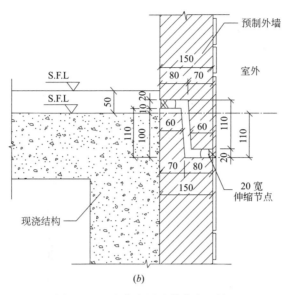

(b)

图 3.1-2 私营房屋连接节点（续）

3.1.3 顶层女儿墙与构件节点设计

顶部现浇 150mm 厚女儿墙，外墙预制构件依据外观设计收于女儿墙顶部或掩口。外墙装配构件顶部用铝型材料造型收头，并在顶部找坡（图 3.1-3）。

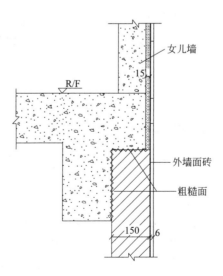

图 3.1-3 顶层女儿墙及檐口节点大样

3.1.4　凸窗节点设计

凸窗上沿板向外侧找坡，便于排水。造型用铝合金型材料固定于凸窗上沿板外侧，利用型材下侧接缝，作为"鹰嘴"（图 3.1-4）。

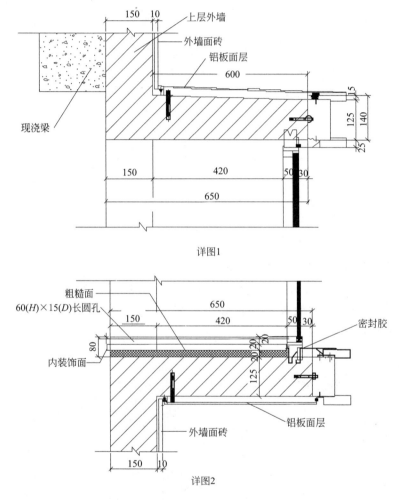

图 3.1-4　凸窗节点大样

3.1.5　阳台构件节点设计

阳台结构面比室内地坪结构面低 200mm，外墙安装在阳台降板处，并利用外墙板与楼板的缝隙形成防水构造。阳台门金属底框需预留地面内装饰厚度。按此做法施工外墙板与建筑接缝低于室内标高，因此，阳台无须做上翻的防水卷材，构造简单便于施工控制（图 3.1-5）。

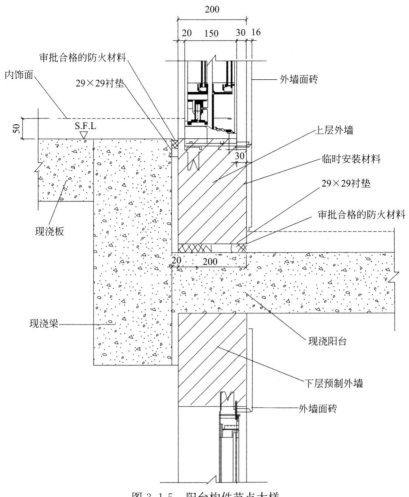

图 3.1-5 阳台构件节点大样

3.2 后装法预制外墙连接节点设计

　　"后装法"指受力构件预制梁、预制柱先安装完成后,再将预制外墙与预制梁、预制柱相连接,一般用于建筑主体受力构件与外墙同时进行预制。采用该种技术时需在预制外墙底部和上部各凸出一部分混凝土,并预留孔洞。安装外墙时,将预制次梁外伸的钢筋插入外墙预留孔洞,同时填充无收缩水泥砂浆,从而达到预制外墙下端锚入预制次梁的作用。下层预制外墙向主梁方向凸出一部分混凝土,安装时将预制主梁预留的

M16 螺栓锚入预制外墙，通过连接码连接外墙与主梁，同时填充无收缩水泥砂浆，使外墙与主梁连接成为一个整体（图 3.2-1、图 3.2-2）。

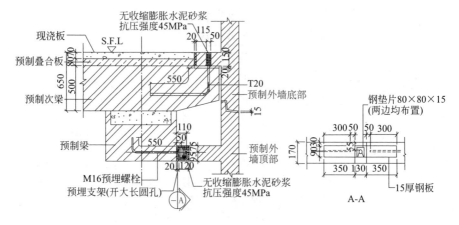

图 3.2-1　后装法预制外墙与预制主梁节点连接大样

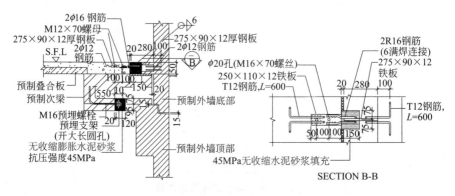

图 3.2-2　后装法预制外墙与预制次梁节点连接大样

采用"后装法"技术，预制柱中应预留连接件装置，如图 3.2-3 所示铁板，螺杆，角钢组成的连接系统。当预制柱安装完成后，将预制外墙预留 U 形螺杆与预制柱连接件装置相连，待螺母连接紧密后，后浇混凝土填充预制外墙与预制柱之间的节点，使预制件之间紧密连接为一个整体，保证受力构件之间联动受力。

"先装法"与"后装法"节点设计经过多次优化与改良，成功地使预制外墙板广泛应用于中国香港住宅建筑以及公共建筑，领先的节点及防水技术被内地同行学习并借鉴。

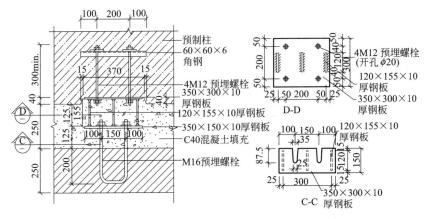

图 3.2-3　后装法预制外墙与预制柱节点连接大样

3.3　外墙板节点防水技术

防水技术主要采用结构构造防水以及防水材料的使用，以结构构造防水为主，防水材料为辅。

3.3.1　结构构造防水

在预制外墙水平接缝方面，上层构件宜高出楼板（S.F.L）10～

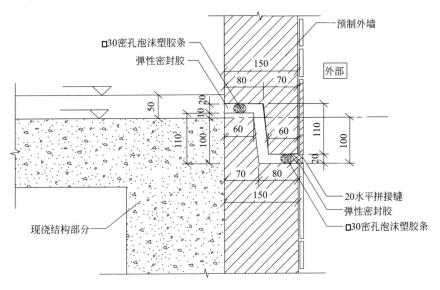

图 3.3-1　预制外墙上下连接大样

15mm，用于临时七字码安装定位，控制预制外墙上下垂直连接，内部的接缝不高出 F.F.L.。靴脚（企口）应在 75～120mm 之间，过小会影响到外墙防水，过大会影响到预制外墙的生产制作。接缝宽一般情况为20mm，预制外墙门底部混凝土尺寸不应小于 125mm，以保证预制外墙结构（图 3.3-1）。

　　为了达到防水效果，竖直接缝一般情况会设计在结构墙或柱的位置，缝宽为 20mm。特殊情况，预制外墙拆分位置没有结构墙或柱，一般要在接缝位加一个非结构现浇柱用于防水（图 3.3-2）。

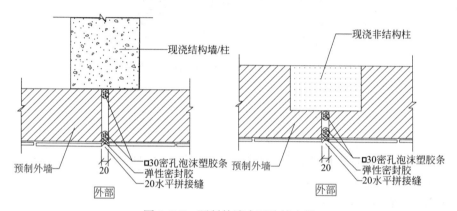

图 3.3-2　预制外墙水平连接大样

　　在预制外墙与现浇结构连接处，将接触面抹缓凝剂后再水洗表面砂浆或直接扫花处理（扫花深度不小于 5mm），使预制外墙出现粗糙面，使预制构件与现浇结构的紧密连接；同时在连接处增加一条止水槽，构成防水第二道防线（图 3.3-3）。

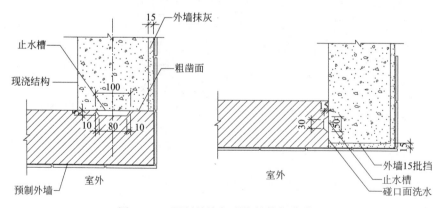

图 3.3-3　预制外墙与现浇结构扫花处理

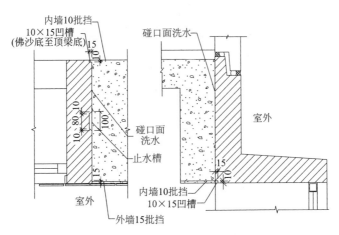

图 3.3-3　预制外墙与现浇结构扫花处理（续）

为解决后装门窗处容易渗水问题，在工厂生产时，将门窗与外墙整体预制，先将门窗放入模具相应位置并固定，再浇混凝土，从而达到整体成型，止水效果优良。（图 3.3-4）。

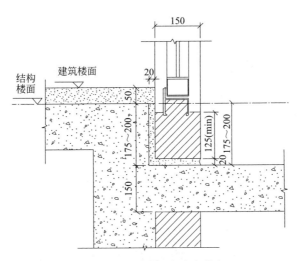

图 3.3-4　预埋铝窗防水节点

3.3.2 防水材料

防水材料主要有密封胶、密封垫以及填充物料等。预制构件之间的接缝是防水处理的重点。构件的外露情况、接缝的移动和选用的接缝材料都会对接缝防水性能产生较大影响。防水材料及性能见表 3.3-1。

防水材料及性能

表 3.3-1

填缝类别	化学项	物理项	承受能力①	预期使用期限②
以喷射枪注射非养护密封胶	丁烯 丙烯	塑料 塑胶弹性	低 低-中	可达10年（没有外露） 可达15年
以喷射枪注射单件化学养护密封胶	多硫化物 聚氨酯硅	弹性塑胶 弹性 弹性	中-高 中-高 中-高	可达25年 可达20年 可达25年
以喷射枪注射双件化学养护密封胶	多硫化物 聚氨酯硅	弹性塑胶 弹性 弹性	中-高 中-高 低-高	可达25年 可达20年 可达25年
密封条 （胶粘料）	丁烯 聚异丁烯/丁烯	塑料 弹性塑胶	低 低	可达15年 可达15年
密封条 （多孔状）	聚氯乙烯 聚乙烯 聚氨酯 丁烯 氯丁 乙烯醋酸乙烯脂	其特性由塑料至弹性均有	低-高	可达20年
密封垫子	氯丁 天然橡胶 三元乙丙橡胶 丁烯橡胶 聚氨酯 硅 乙烯醋酸乙烯脂	弹性	低-高	可达20年
隔板	氯丁 聚氯乙烯 聚乙烯 铝 不锈钢 锌 铜	剖面与相邻组件切合宽松	低-高	可达40年

①密封胶在使用期限内可承受的移动。

以接缝宽度百分比来显示，低≈5%，中≈15%，高≈25%。

②密封胶实际使用的使用期限会因其成分、环境因素和使用质素而异。

当选择接缝的密封胶时，须考虑接驳组件之间的移动、组件和密封胶的粘结性以及密封胶料本身的性质。密封胶按其对移动的反应可分为弹性、弹塑性、塑弹性和塑性。接缝的宽度应可容许建造偏差，能承受移动而不会使接缝物料的应力超限。不论移动与否，使用密封胶时，最低和可行的接缝宽度应为5mm。

密封胶可以良好地粘贴于接缝表面，是令接缝有良好效能的关键因素。制造商或会建议为某些物料涂抹底漆。模板油、养护化合物、硅防水添加剂和表面涂层物料可能会减低粘结程度，故应特别小心。在某些情况下，或者需要射水、喷沙、使用钢丝刷或缓凝剂去准备混凝土接缝面层。可考虑使用斜削角，以减低边缘的损毁。

为确保有足够黏力，使用密封胶时须有稳固的底座。正确安装垫底物料，密封胶才能达到应有的形状和比例。伸缩缝的密封胶不应黏合至底座物料，以避免不必要的约束。密封胶底座可以是单用密孔泡沫塑胶垫底物料、薄层自动粘贴隔粘剂条带，或以薄层自动粘贴隔粘剂条带分隔密封胶的接缝填料。密封胶的使用，见图 3.3-5。

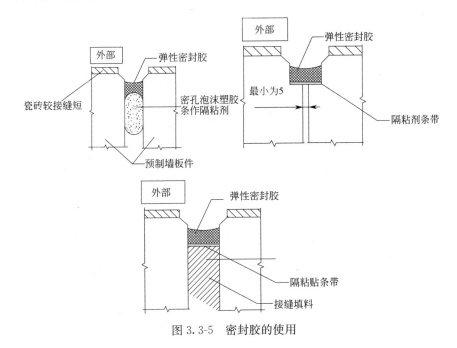

图 3.3-5　密封胶的使用

板件间的最小接缝宽度一般采用 12mm。如属结构伸缩接缝，接缝宽度则须达 50mm 或以上。达到这宽度的接缝须有特殊的密封胶特性方可避免坍落。弹性密封胶的最小厚度须有 5mm，宽度和厚度比例不得超过 1：1。如要达到最佳性能，比例应为 2：1。

湿度太高可能会降低密封胶的黏力。如混凝土表面有自由水，则不应使用密封料。

许多因素都会影响密封胶是否适用于某种移动。但一般做法是，须抵抗频率较密和快速移动的接缝要使用弹性密封胶；如属于庞大组件的接缝并会因高热惰性而产生较慢的移动，应选择弹塑性或塑性密封胶。

密封胶可能因各种原因而有不同的损毁，如气候、环境因素、基底不协调、磨擦和运输荷载，故选用密封胶时须考虑和顾及上述情况。

当选用密封垫时，需在受压的状况下才可正常运作。天然橡胶复合物制造的密封垫需以合成橡胶皮保护，免受天气影响。如需要有特别性能，如抗油性，则合成橡胶和塑胶物料须以特别程式制造方可使用。密封垫可以是实心或空心截面，由格孔或非格孔物料制造成各种形状，也可以是这些截面与物料的混合所组成的。不同密度、物料硬度和格孔大小，以及格孔有否相连，都可以改变格孔密封垫的机械性能。

密封垫在构件设计时需要考虑以下条件：

（1）设计组件、组件剖面、安装方法、安装次序以及密封垫的种类是相互关联的。在构件设计之初应仔细探讨；

（2）密封垫接缝的设计应有主和副的密封垫接触点，两者之间要有空气层间隔。接缝密封垫典型大样，见图3.3-6。

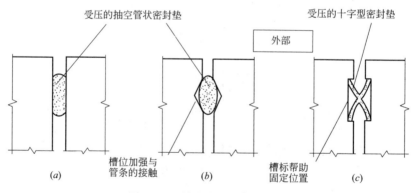

图3.3-6 接缝密封垫典型大样

（3）要密封垫发挥作用，横向和纵向密封垫接合处的封口须保持连续性。这些复杂的接合处最好是采用工厂生产接件作为密封垫网格一部分，使在地盘接驳时只需作简单的对接。连续网格或梯式密封垫，见图3.3-7。

（4）由对头接驳的密封垫，只可使用于做好防护并具备有效连续性的接缝。如达不到连续性，尤其在纵向接缝的接合处，则须设置具备有效排水系统、抵御天气措施和足够重叠的密封垫。非连续密封

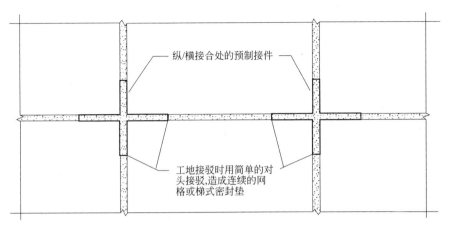

注:所有现场造接缝属简单的对头接驳,及离开纵/横接合处。

图 3.3-7 连续网格或梯式密封垫

垫,见图 3.3-8。

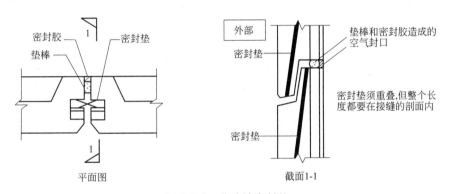

图 3.3-8 非连续密封垫

(5)如密封垫用于伸缩缝,则须有足够的压缩,以确保在整个伸缩范围内垫片都保持受压;但不可过度压缩,以免导致压缩凝变。例如,格孔氯丁密封垫在使用时不应压缩超过无压缩时厚度的 50%。伸缩缝的密封垫封口在安装后可安全运行。

(6)处理密封垫时需要小心,慎防垫片变形或损毁。虽然表层的准备工作没有密封胶的那么重要,但所有表层均须清洁、没有破损或严重缺陷。为方便把密封垫插入接缝,可使用制造商建议的润滑剂。可行的话,不应在安装时拉伸垫片。如无法避免,则须有足够时间让垫片还原,方进行修剪。

（7）安装压缩接缝内一段长度的密封垫所需的力量很大，尤其接缝是按组件→垫片 →组件次序装嵌的。故此，正确安装的垫片会发出力度，该力度于设计时应予考虑。

（8）密封垫物料的有效使用期限应于设计时加以考虑。在伸缩缝和其他重要接缝处，垫片使用年限可能较建筑物短。使用状况和材质等均会影响垫片实际使用期限。有可能需要指明结构使用年限内封口可能需要特别留意或做出更换。

接缝填充料的主要功能有：形成接缝雏形的一部分；施工期内可拦挡那些会妨碍接缝闭合的污垢或碎屑；控制接缝内密封胶的深度；支承密封胶。

接缝填充料需符合以下特性：可压缩；不应从接缝挤出；可回弹；不应出现锈蚀；不含纤维素，防止白蚁侵入；装运时能防止损毁；不引致火灾危险。

接缝填充料需确保密封胶和填料互相配合。泡沫塑料不适合用作接缝填料。本项目使用格孔式塑胶和橡胶作为接缝填充料，其主要性能如表 3.3-2。

格孔式塑料盒橡胶主要性能　　　　　表 3.3-2

物料	用法	形态	密度范围（kg/m³）	50%压缩的压力范围（N/mm²）	压缩后恢复原状范围（%）	可抵受浸水能力
格孔式塑料盒橡胶	伸缩缝填充料	薄片或条带	40～60	0.07～0.34	85～95	可抵受非经常性浸水

3.4　预制梁板、柱连接节点技术

预制梁、柱、楼板等均为主体受力构件，其连接节点为受力较大，节点区域构造复杂。预制梁采用叠合方式，在节点连接处预留搭接钢筋；预制柱下部采用钢板底盘与筏板基础相连，上部预留钢筋与上层预制柱进行搭接。从结构构造和受力方面看，在节点区域及周边区域采用现浇混凝土，有利于节点位受力的传递，同时增加了梁、柱结构的整体性，实现刚性连接；从施工方面，既节省模板，又方便上下柱齐，提高施工效率。叠合梁与预制柱节点图见图 3.4-1、图 3.4-2。

预制楼板采用叠合方式，外伸钢筋锚入现浇梁或现浇柱中。当梁也采

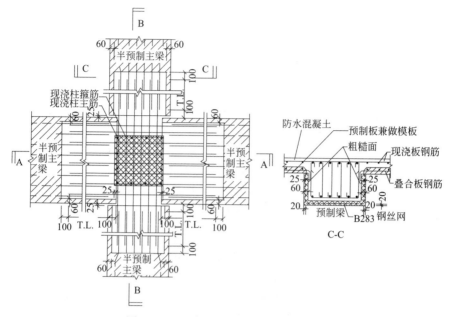

图 3.4-1 叠合梁与预制柱节点图 (一)

取叠合方式时，避免叠合板外伸钢筋影响叠合梁混凝土质量，将叠合板外伸钢筋倒弯，叠合梁开口箍弯向叠合板实现梁板相互锚固。现浇混凝土使预制梁和预制楼板紧密连接为一个整体，满足工业化建筑环保、高效施工的同时，又能保证质量安全。叠合板与预制梁节点图，见图3.4-3。

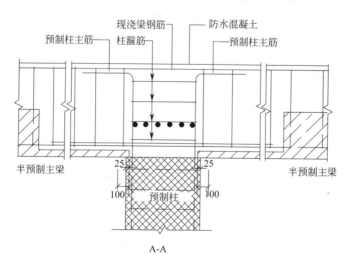

A-A

图 3.4-2 叠合梁与预制柱节点图 (二)

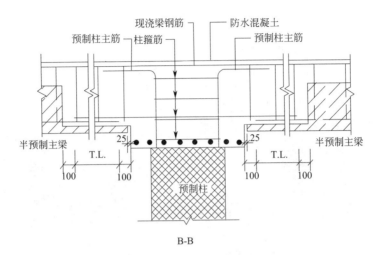

图 3.4-2　叠合梁与预制柱节点图（二）（续）

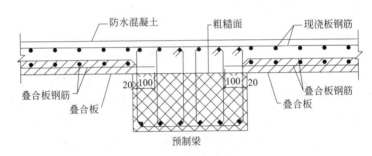

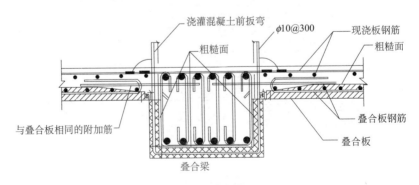

图 3.4-3　叠合板与预制梁节点图

该技术施工方便迅速，又保证质量与设计理念"强节点弱构件"相吻合，成功应用在香港启德1A项目全预制停车场，首次应用在"全预制"方式建造的楼宇项目-香港理工大学专上学院，为日后全预制设计大楼的建造提供了丰富的经验与借鉴。香港启德1A项目全预制停车场局部效果图见图3.4-4。

图 3.4-4　香港启德1A项目全预制停车场局部效果图

3.5　灌浆套筒连接技术

装配式钢筋混凝土结构中，拼缝及节点是其关键部位，拼缝及节点必须具备足够的强度、刚度及延性性能，以确保结构整体安全及良好的抗震性能，而且当其处于建筑物外围时，尚应具有良好的抗渗性能，确保房屋具有良好的使用性能。构件节点及拼缝重点需要解决两方面的问题：一是预制构件钢筋的连接、锚固；二是混凝土界面处理，确保剪力的有效传递及密实性。

预制构件钢筋连接的锚固主要有以下几种方式：灌浆套筒连接、浆锚连接、螺栓连接、锚固等，目前普遍认为较为可靠的连接方式为灌浆套筒连接，灌浆套筒连接的关键材料为灌浆套筒和配套使用的无机高强灌浆料。钢筋从两端开口穿入中空的套筒内部，不需要搭接或融接，钢筋与套筒间填充高强度微膨胀结构性砂浆，即完成钢筋续接动作。

3.5.1 灌浆套筒研发

结合国内外套筒灌浆连接技术研究应用现状及国家标准规范的有关要求，设计、开发了图 3.5-1 所示的铸铁全灌浆套筒。

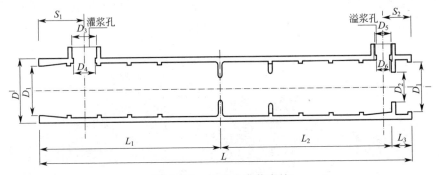

图 3.5-1　铸铁全灌浆套筒

该系列套筒材质可靠，内部构造独特、科学，既方便现场施工操作，又能增加套筒和钢筋的粘结力、握裹力和机械咬合力，确保接头安全可靠，采用模具制作，加工简单、快捷，可批量生产，性价比高，能满足大规模生产需要。套筒品种齐全，规格多样，可广泛用于建筑、道路、桥梁等工程中 HRB400 级 $\phi12\sim\phi40$ 钢筋的续接，可根据需要任意选用。常用套筒规格尺寸见表 3.5-1。

全灌浆套筒规格及主要尺寸一览表　　　　表 3.5-1

型号	连接钢筋公称直径(mm)	规格尺寸(mm)										
		L	L_1	L_2	L_3	D	D_1	D_2	D_3/D_4	D_5/D_6	S_1	S_2
GTZQ4 12	12	250	120	110	20	44	32	16	25/22	16/13	46	28
GTZQ4 14	14	280	135	125	20	46	34	18	25/22	16/13	46	28
GTZQ4 16	16	310	150	140	20	48	36	20	25/22	16/13	46	28
GTZQ4 18	18	350	170	160	20	50	38	22	25/22	16/13	46	28
GTZQ4 20	20	370	180	170	20	52	40	24	25/22	16/13	46	28
GTZQ4 22	22	410	200	190	20	54	40	26	25/22	16/13	46	28
GTZQ4 25	25	450	220	210	20	58	42	30	25/22	16/13	46	28
GTZQ4 28	28	505	248	237	20	62	44	32	25/22	16/13	46	28
GTZQ4 32	32	570	280	270	20	66	48	36	25/22	16/13	46	28
GTZQ4 36	36	630	310	300	20	74	54	40	25/22	16/13	46	28
GTZQ4 40	40	700	345	335	20	82	60	44	25/22	16/13	46	28

3.5.2 配套高强灌浆料

针对所开发的全灌浆套筒，研制了配套使用的无机高强无收缩灌浆料。图 3.5-2 为高强配套灌浆料试验研制过程，表 3.5-2 为其主要性能指标。

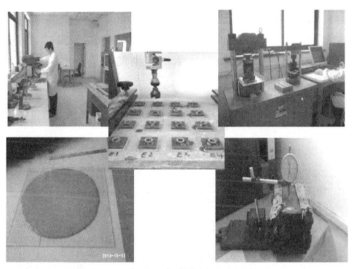

图 3.5-2 高强配套灌浆料试验研制过程

该灌浆材料除高强、早强、高流态、微膨胀外，其组分无毒、无害、对水质及周围环境无污染，对钢筋无锈蚀，耐久性好。

配套灌浆料技术主要性能指标一览表 表 3.5-2

项　目		性能指标
流动度	初始	≥300mm
	30 min	≥260mm
抗压强度	1d	≥35MPa
	3d	≥60 MPa
	28d	≥85 MPa
竖向自由膨胀率	24h 与 3h 差值	0.02%～0.5%
氯离子含量		0.03%
泌水率(%)		0

3.5.3 钢筋接头型式检验

套筒和灌浆料研制完成之后，需要通过钢筋接头型式检验来验证套筒、钢筋和灌浆料之间的适配性及可靠性。型式检验的主要指标包括 3

个：（1）抗拉强度，要求接头抗拉强度不小于被连接钢筋抗拉强度的 1.1 倍；（2）高应力反复拉压变形试验结果达到《钢筋机械连接技术规程》JGJ 107—2010 中Ⅰ级接头的性能指标要求；（3）大变形反复拉压变形试验结果达到国行标《钢筋机械连接技术规程》JGJ 107—2010 中Ⅰ级接头的性能指标要求。送检钢筋及套筒，见图 3.5-3；接头灌浆准备，见图 3.5-4；试验后的接头破坏形式，见图 3.5-5。检测结果显示，所有送检接头破坏形式均为被连接钢筋拉断，未出现钢筋拔出及套筒损坏现象，接头对应指标均达到国行标《钢筋机械连接技术规程》JGJ 107—2010 中规定的Ⅰ级接头标准要求。

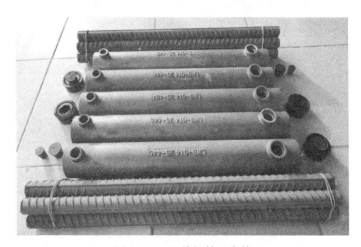

图 3.5-3　送检钢筋及套筒

图 3.5-4　接头灌浆准备

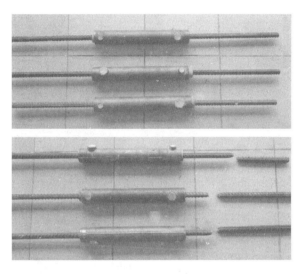

图 3.5-5 试验后的接头破坏形式

3.5.4 钢筋套筒灌浆接头构件试验

为检验所研发的钢筋套筒灌浆接头在结构构件中的工作性能，共进行了 3 组结构构件试验，第一组为预制钢筋混凝土悬臂框架柱低周反复荷载试验，第二组为预制装配式变截面剪力墙低周反复荷载试验，第三组为预制装配整体式剪力墙低周反复荷载试验，部分试验照片分别见图 3.5-6～图 3.5-8。上述所有预制构件竖向钢筋均采用上述的灌浆套筒技术连接。

图 3.5-6 悬臂框架柱试验加载照片破坏形态

图 3.5-6　悬臂框架柱试验加载照片破坏形态（续）

图 3.5-7　变截面预制装配式剪力墙低周反复荷载试验

图 3.5-8　预制装配整体式剪力墙低周反复荷载试验

从上述试验可得以下主要结论：

（1）试验过程中竖向钢筋采用灌浆套筒连接的预制构件底部未出现刚体转动，钢筋套筒接头未出现钢筋拔出及套筒断裂等异常破坏情况，表明灌浆套筒接头质量可靠，可用于预制剪力墙受力钢筋的连接；

（2）预制构件竖向钢筋采用套筒连接，可充分发挥试件的承载力及变形能力；和现浇试件及竖向钢筋采用其他连接方式的预制装配式试件对比，其承载力略低于现浇对比试件，但高于其他连接方式试件，变形能力、延性指标等同样介于现浇试件和其他连接方式试件之间，钢筋灌浆套筒连接方式可作为解决预装配式剪力墙竖向钢筋连接的有效技术手段；

（3）预制构件竖向钢筋采用套筒连接，其破坏形态和现浇试件的基本相同，但前者塑性铰区上移，且试件开裂后混凝土剥落块体较大，刚度退化较快，由此建议将套筒高度范围以及套筒上端箍筋或墙体水平钢筋适当加密，以限制混凝土裂缝的开展、剥落以及钢筋的压屈。

3.5.5 单排套筒灌浆连接技术

为提高对预制装配式剪力墙结构抗震性能的认知，促进实际工程应用，设计进行3种典型拼装剪力墙试件的低周反复荷载试验，试件设计如下。

1）L-Ⅰ型试件

"L"形试件，两端墙板预制，中间设竖向现浇带，水平钢筋锚固搭接在现浇带内，竖向钢筋采用单排居中布置的灌浆套筒连接，见图3.5-9。此类试件模拟实际工程中较长预制山墙和外纵墙的连接以及外墙拐角部位预制外墙的拼接。

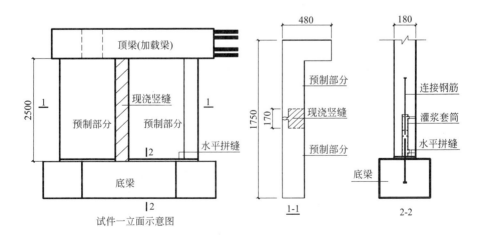

图 3.5-9 L-Ⅰ型试件简图

2）L-Ⅱ型试件

"L"形试件，两端边缘构件现浇，中间墙板预制，预制墙板水平分布钢筋锚入现浇边缘构件内，竖向分布钢筋采用单排居中布置的灌浆套筒连接，见图 3.5-10。此类试件模拟实际工程中预制外墙和现浇边缘构件的拼接。

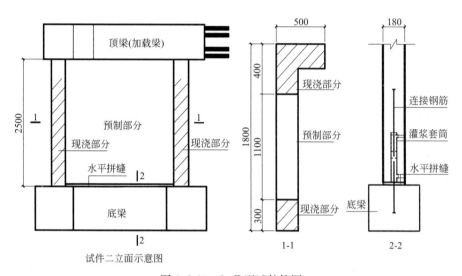

图 3.5-10　L-Ⅱ型试件简图

3）T 形试件

"T"形试件，翼缘分块预制，核心区及腹板现浇，预制墙板水平分布钢筋锚入现浇核心区，现浇墙板竖向分布钢筋采用单排居中布置的灌浆套筒连接，见图 3.5-11。此类试件模拟实际工程中预制外墙和现浇内墙的拼接。

以上类型预制装配试件各 3 片，现浇对比试件各 1 片，试件总数共 12 片，具体见表 3.5-3。试件加工制作见图 3.5-12。

试件数量、尺寸、编号及剪跨比　　　　　　表 3.5-3

试件类型	尺寸（mm）				试件数量	试件编号	剪跨比
	墙长	墙高	墙厚	翼墙			
L-Ⅰ型全预制剪力墙试件	1780	2500	180	280	1	L-Ⅰ-0.3	1.55
	1780	2500	180	280	1	L-Ⅰ-0.4	1.55
	1780	2500	180	280	1	L-Ⅰ-0.5	1.55
现浇对比试件	1780	2500	180	280	1	L-Ⅰ-0.5-C	1.55

试件类型	尺寸(mm)				试件数量	试件编号	剪跨比
	墙长	墙高	墙厚	翼墙			
L-Ⅱ型预制整体装配剪力墙试件	1800	2500	200	300	1	L-Ⅱ-0.2	1.53
	1800	2500	200	300	1	L-Ⅱ-0.3	1.53
	1800	2500	200	300	1	L-Ⅱ-0.5	1.53
现浇对比试件	1800	2500	200	300	1	L-0.5-C	1.53
预制T型剪力墙试件	1400	2500	200	400	1	T-0.3	1.76
	1400	2500	200	400	1	T-0.4	1.76
	1400	2500	200	400	1	T-0.5	1.76
现浇对比试件	1400	2500	200	400	1	T-0.5-C	1.76
共计					12		

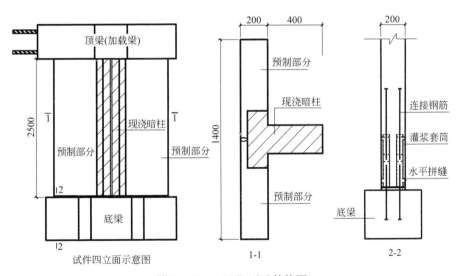

图 3.5-11　"T"型试件简图

3.5.5.1　试验及数据处理

试验加载方式采用位移控制，试件轴压比依次控制在 0.3、0.4 和 0.5，现浇对比试件轴压比为 0.5。典型试验现象及试验结果处理如下。

1. L-Ⅰ型试件

L-Ⅰ型试件典型破坏形态见图 3.5-13，试验滞回曲线见图 3.5-14，主要试验结果整理见表 3.5-4。

图 3.5-12 试件加工制作

L-Ⅰ型剪力墙试验加载曲线特征点数值及计延性系数 表 3.5-4

	试件编号	L-Ⅰ-0.3	L-Ⅰ-0.4	L-Ⅰ-0.5	L-Ⅰ-0.5-C
推力方向，即朝向一字端	推力-极限位移(mm)	59.97	49.73	48.38	30.21
	推力-极限荷载(kN)	903.20	968.40	1053.80	1124.60
	推力-峰值荷载(kN)	926.41	985.50	1108.01	1124.60
	推力-屈服位移(mm)	8.86	9.83	10.36	9.74
	推力-屈服荷载(kN)	751.21	841.15	893.95	893.47
	推力-延性	7	5.44	4.67	3.09
拉力方向，即背向一字端	拉力-极限位移(mm)	60.12	48.19	50.86	30.09
	拉力-极限荷载(kN)	866.20	953.80	1099.00	1220.40
	拉力-峰值荷载(kN)	964.60	1039.50	1158.00	1220.40
	拉力-屈服位移(mm)	12.11	12.56	13.11	12.16
	拉力-屈服荷载(kN)	668.49	734.08	893.13	958.34
	拉力-延性	4.97	3.99	3.88	2.47

由试验现象并对比分析试验数据可得以下结论：

1）L-Ⅰ型预制剪力墙试件的裂缝开展情况十分类似。在加载水平位移未达到屈服位移时，裂缝主要出现在试件边缘构件两端呈水平走向，并且部分延伸至试件表面。从应变数据上判断，预制试件基本在 10mm

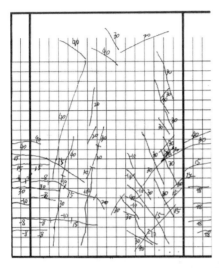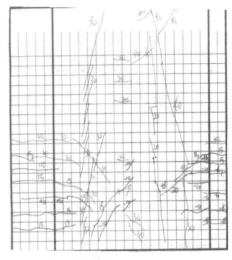

试件（L-Ⅰ-0.5）表面裂缝分布示意图

端部混凝土压碎 　　　　　　　　　试件表面裂缝分布情况

图 3.5-13　L-Ⅰ型试件（L-Ⅰ-0.5）典型破坏形态

位移时达到屈服，在随后的加载过程中，裂缝逐渐开始增多并且在试件表面呈现"倒八"走向，即沿对角线开展。在水平位移达到 2 倍屈服位

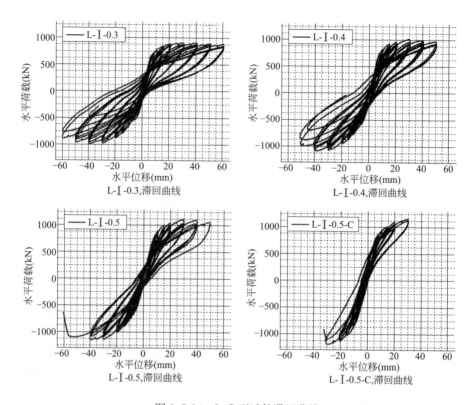

图 3.5-14　L-Ⅰ 型试件滞回曲线

移左右时，试件两片预制墙身靠近现浇拼接处均出现贯通竖向裂缝。最终的破坏模式为一字端底部钢筋屈服、混凝土压碎的模式。而中间现浇拼接竖缝在出现断续的斜向裂缝后并未出现明显的大面积破坏情况，但是有明显的剪切摩擦造成的损伤。表明了此类构造竖缝在开裂后出现剪切摩擦耗能行为。而现浇试件裂缝开展较为连续，最终破坏模式为弯剪破坏，其中剪切破坏比较严重；

2）L-Ⅰ 型试件中部现浇竖缝拼接相对较弱，在出现裂缝后传递水平剪力的能力下降，在试验后期主要起抗震耗能作用。综合试验现象与数据可知在试件底部水平接缝即竖向受力钢筋连接可靠的情况下，同工况下预制试件最大承载力只比现浇试件低 5% 左右，预制试件的整体等效刚度低于比现浇试件刚度低约 8%。但预制试件的极限位移远大于现浇试件，滞回环包络面积明显大于现浇试件，表明其延性及耗能能力明显优于现浇试件；

3）试验现象表明在预制试件进入屈服阶段以后，中部竖缝裂缝开展，拼缝两侧墙体协同工作，呈现部分双肢墙的受力特点。

4）试验滞回曲线表明无论是预制试件还是现浇试件都有明显的捏缩段，表明了剪切滑移的影响。从中提取的骨架曲线表明，预制试件在达到峰值荷载以后均有明显的平缓段，随着试件顶部水平位移的增加荷载基本保持稳定。然而现浇试件在达到峰值以后便迅速地破坏，延性不如预制试件。并且现浇试件滞回环很窄，包络面积明显小于预制试件的滞回环包络面积，且同工况下预制试件加载位移大于现浇试件，耗能更多。从等效刚度对比可以看出，预制试件的刚度下降后趋于稳定，同工况预制试件刚度在开裂后与现浇试件刚度十分接近。对比现浇混凝土结构规范要求，预制试件与现浇试件在规范弹性设计变形限值内表现良好，可观测到的开裂位移均大于规范限值，并且预制试件与现浇试件变形均满足了规范关于弹塑性变形的要求，所有试件的极限位移均大于规范限值。除变形能力以外，预制试件的承载力也满足规范要求，且有明显富余。从试件的平面外变形情况分析，同工况下的预制试件与现浇试件平面外变形差异很小，说明单排连接钢筋构造的预制试件和现浇试件有着十分接近的平面外刚度；

5）L-Ⅰ型试验中并未发现预制试件底部灌浆套筒连接的破坏情况。试件主要破坏模式为套筒区域混凝土层剥落，纵向承压钢筋屈服。由此验证了现行预制混凝土结构规程关于预制剪力墙套筒连接区域分布钢筋以及箍筋等要求加密处理的必要性；

6）试验中预制试件的抗震性能指标等能够满足现浇混凝土结构规范要求，并和同现浇试件进行对比发现：预制试件虽然承载力较现浇试件略低，但是在耗能与延性等方面较现浇试件有优势。

2. L-Ⅱ型试件

L-Ⅱ型试件典型破坏形态见图 3.5-15，所有试件试验滞回曲线见图 3.5-16，主要试验结果整理见表 3.5-5。

L-Ⅱ型剪力墙试验加载曲线特征点数值及计延性系数　　表 3.5-5

	试件编号	L-Ⅱ-0.2	L-Ⅱ-0.3	L-Ⅱ-0.5	L-Ⅱ-0.5-C
推力方向，即朝向 L 端	推力-极限位移(mm)	64.30	未完成	61.76	未完成
	推力-极限荷载(kN)	735.10	未完成	1244.60	1286.10
	推力-峰值荷载(kN)	858.20	1003.20	1244.60	1286.10
	推力-屈服位移(mm)	7.06	8.08	9.99	9.54
	推力-屈服荷载(kN)	681.50	846.54	1026.70	1062.80
	推力-延性	9.10	>4.5	6.18	>3.25

续表

试件编号		L-Ⅱ-0.2	L-Ⅱ-0.3	L-Ⅱ-0.5	L-Ⅱ-0.5-C
拉力方向，即背向 L 端	拉力-极限位移（mm）	49.94	未完成	44.79	未完成
	拉力-极限荷载（kN）	834.60	未完成	1126.40	未完成
	拉力-峰值荷载（kN）	900.40	1050.30	1238.30	1350.60
	拉力-屈服位移（mm）	7.89	8.90	10.53	10.35
	拉力-屈服荷载（kN）	691.86	771.05	930.65	1067.30
	拉力-延性	6.33	>4.4	4.25	>2.9

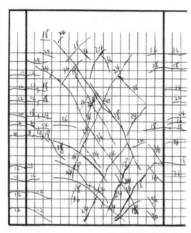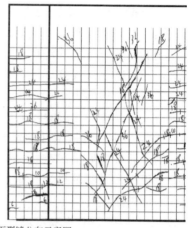

L-Ⅱ型试件 (L-Ⅱ-0.5) 表面裂缝分布示意图

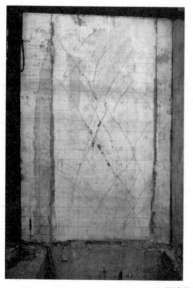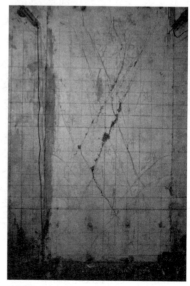

L-Ⅱ试件表面裂缝分布

图 3.5-15　L-Ⅱ型试件典型破坏形态（轴压比 0.5）

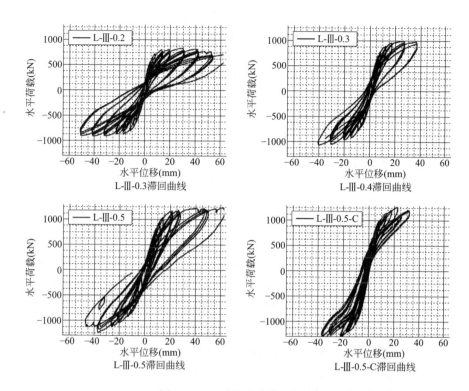

图 3.5-16　试件试验滞回曲线

由试验现象并对比分析试验数据可得以下结论：

1）从试验现象来看，三个预制试件受力过程、破坏模式基本类似。3 片预制试件均在位移 6mm 左右在现浇边缘构件出现可见水平裂缝，且数量随着试验进行逐步增加。在进入屈服阶段后，两端边缘构件处裂缝沿墙身对角线斜向呈交叉 X 型发展。在随后的加载过程中，两端边缘构件处新裂缝开展缓慢，中部预制墙板表面裂缝增多，且裂缝宽度逐步增大。同时，裂缝在试件中部预制墙板表面逐渐形成从上至下的 X 型交叉斜裂缝。在边缘构件处裂缝开展较小，且以水平开裂为主。不同轴压比工况下试件破坏模式也有不同：L-Ⅱ-0.2 最终破坏模式为两端边缘构件处的纵向钢筋压屈后一字端边缘构件处底部纵向钢筋拉断；L-Ⅱ-0.5 在加载后期，中部预制墙板的 X 型裂缝损伤逐渐加重，对角线裂缝宽度最大可以达到 4mm 左右，此时承载力已经下降至峰值荷载的 85% 左右，达到极限荷载。而 L-Ⅱ-0.3 预制试件虽然没有达到最终破坏，但是试件在加载至后期中间预制墙板出现明显的 X 型裂缝，裂缝宽度明显，这些裂缝损坏较边缘构件处更为严重，初步估计最终破坏可能产生于中间预制墙板处。L-Ⅱ-0.5-C 现浇试件屈服阶段前的裂缝发展模式与现浇试件类似，屈服以后裂缝逐渐往中部墙身沿对角线斜向延伸，并且裂缝出现位置较高，表明受到平面外作用影响明显；

2）由试验现象可知，预制试件试验加载进入屈服阶段之后，因两端现浇边缘构件与中部预制墙板的水平连接相比较弱，中部预制墙板承担的荷载比例较未屈服前大，预制墙板破坏严重，而两端现浇边缘构件基本只出现水平裂缝，且裂缝宽度随着试验荷载增加变化不明显，相邻纵向钢筋实测应变变化也验证了这一现象；

3）从试验数据结果分析，预制试件与现浇试件的峰值承载力以及相应的变形能力能够满足现行现浇结构规范的要求。从完成破坏的试件的骨架曲线分析，试件在达到峰值荷载之后仍然保持一定的稳定性，荷载并未随着试件顶部水平位移的增加而迅速下降。同时，从获取的数据分析，同工况下，预制试件的峰值荷载小于现浇试件峰值荷载 8% 左右，预制试件初始刚度也较现浇试件小 8% 左右。L-Ⅱ-0.5 与 L-Ⅱ-0.5-C 两个试件在相同加载位移时，预制试件滞回环包络面积大于现浇试件（数值随加载程度不同而变化），其耗能能力优势明显；

4）本次试验中未出现钢筋连接套筒破坏，套筒连接的纵向钢筋受力稳定，由此表明钢筋灌浆套筒连接质量可靠；

5）试验结果表明，预制装配整体式 L 型剪力墙试件承载力虽较同条件现浇试件略低，但其延性性能明显好于现浇对比试件，其抗震性能满足规范要求，可作为结构构件应用于实际工程。

3. "T"型试件

T 型试件典型破坏形态见图 3.5-17，所有试件试验滞回曲线见图 3.5-18，主要试验结果整理见表 3.5-6。

T 型剪力墙试验加载曲线特征点数值及计延性系数   表 3.5-6

	试件编号	T-0.3	T-0.4	T-0.5	T-0.5-C
推力方向，即朝向 L 端	推力-极限位移(mm)	52.87	46.37	38.54	27.07
	推力-极限荷载(kN)	633.93	664.02	724.12	670.82
	推力-峰值荷载(kN)	744.80	783.11	852.90	788.60
	推力-屈服位移(mm)	12.24	12.46	13.26	11.89
	推力-屈服荷载(kN)	620.45	630.41	672.68	676.67
	推力-延性	4.32	3.72	2.90	2.28

续表

试件编号		T-0.3	T-0.4	T-0.5	T-0.5-C
拉力方向，即背向L端	拉力-极限位移(mm)	66.56	43.00	39.06	26.83
	拉力-极限荷载(kN)	559.04	595.17	614.12	662.06
	拉力-峰值荷载(kN)	658.30	700.20	722.20	786.68
	拉力-屈服位移(mm)	9.96	9.98	10.18	10.24
	拉力-屈服荷载(kN)	446.01	544.93	556.91	665.24
	拉力-延性	6.68	4.31	3.84	2.62

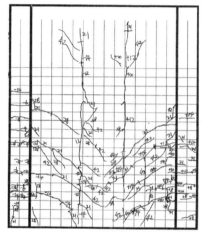
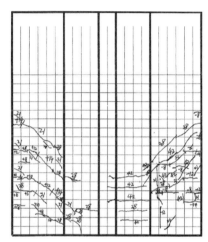

T型预制试件表面裂缝分布示意图(T-0.5)

T型预制试件表面裂缝开展(T-0.5)

图 3.5-17 T型预制试件典型破坏模式 (T-0.5)

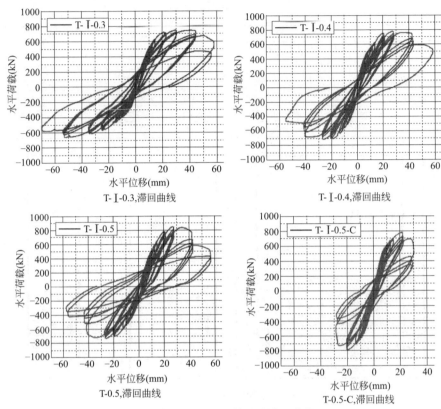

图 3.5-18　T 型试件试验滞回曲线

由试验现象并对比分析试验数据可得以下结论：

1) 从试验现象来看，3 个预制试件受力过程、破坏模式相似，而预制试件破坏模式与现浇试件存在区别。3 个预制试件裂缝首先出现在边缘构件处，呈水平向。随后裂缝沿预制试件墙身表面向对角线方向发展，数量逐渐增多。在预制试件进入屈服阶段以后，除原有斜向裂缝继续开展以外，试件预制部分和现浇部分拼接面处出现间断性的竖向裂缝。在预制试件进入屈服阶段后，原有从边缘构件处延伸的斜向裂缝进一步开展，且裂缝宽度逐渐增加，部分斜向裂缝沿对角线发展穿过了预制墙身与现浇部分之间的竖向拼缝。预制墙身在变截面处出现断续的竖向裂缝逐渐发展为通长的竖向裂缝，且裂缝宽度不断增大。因平面外作用影响，裂缝向高位扩展，而在预制试件内侧和现浇部分交界面处只有轻微的水平裂缝。同时底部坐浆层出现轻微损坏及开裂，未出现严重的碎裂等情况。

预制试件的最终破坏形态基本相同，为试件边缘构件处套筒区域以上钢筋屈服以及相应区域混凝土压碎进而致使套筒区域外裹混凝土压碎并与套筒剥离。而现浇试件则在边缘构件出现水平裂缝后，裂缝逐渐增多并且沿墙身表面沿对角线发展，最终表现为底部严重剪切破坏，混凝土破碎而失效；

2）试验现象表明，T型预制试件整体性较好，试验过程中能够作为一个整体墙片受力。同时试件的破坏虽然发生在预制试件端部套筒接头区域，但是并未出现套筒错动、松脱或者变形等情况，纵向钢筋套筒连接接头性能可靠；

3）从试件的滞回曲线、骨架曲线等具体数据进行分析，本次试验中预制试件与现浇试件的承载能力与变形能力均满足现浇混凝土结构规范的要求，并且同工况下预制试件在承载力、延性、耗能能力、等效刚度等抗震指标上较现浇试件均有一定优势，表明采用此种连接构造的预制装配整体式剪力墙可作为结构构件用于实际工程。

3.5.5.2 理论分析

采用 ABAQUS 数值模拟为研究手段，基于试验结果，建模并通过低周反复加载和单调加载分析、比较了 3 种使用灌浆套筒单排连接钢筋的预制装配式剪力墙的抗震性能。主要完成了以下工作：（1）采用实体单元建立了精细的有限元模型，提出了对水平和竖向拼接部位的建模方法，将理论分分析结果和试验结果进行了对比，校准了理论模型的合理性；（2）在上述基础上，对各种试件补充进行了轴压比、混凝土强度和连接钢筋直径等参数影响分析，得到了相应的结论。

各类型试件理论分析所得典型损伤应力云图、主要理论、试验结果对比及参数分析结果分别见图 3.5-19～图 3.5-24、表 3.5-7～表 3.5-9。

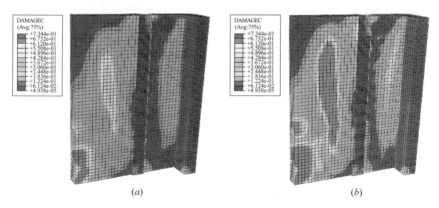

(a)　　　　　　　　　　　　(b)

图 3.5-19　L-Ⅰ型试件（L-Ⅰ-0.5）混凝土典型受压损伤云图

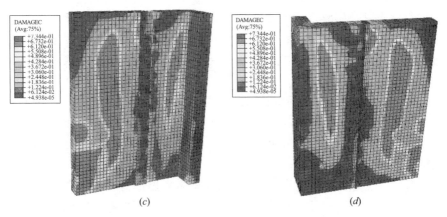

图 3.5-19　L-Ⅰ型试件（L-Ⅰ-0.5）混凝土典型受压损伤云图（续）

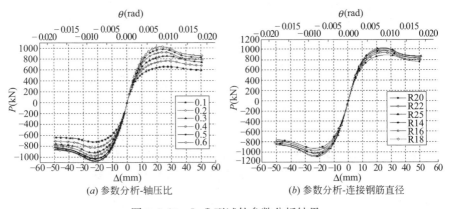

(a) 参数分析-轴压比　　　　　　　　(b) 参数分析-连接钢筋直径

图 3.5-20　L-Ⅰ型试件参数分析结果

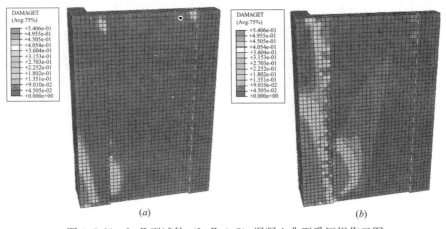

图 3.5-21　L-Ⅱ型试件（L-Ⅱ-0.5）混凝土典型受压损伤云图

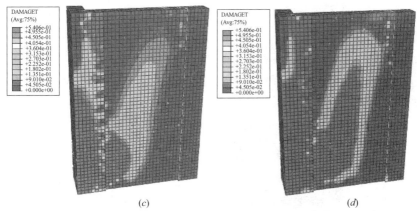

图 3.5-21　L-Ⅱ型试件（L-Ⅱ-0.5）混凝土典型受压损伤云图（续）

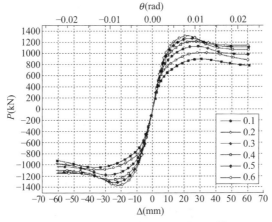

图 3.5-22　L-Ⅱ型试件参数分析结果（轴压比）

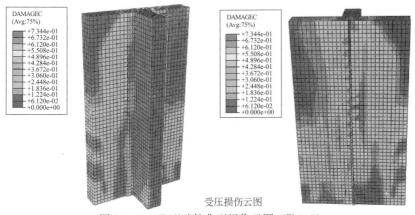

受压损伤云图

图 3.5-23　T 型试件典型损伤云图（T-0.5）

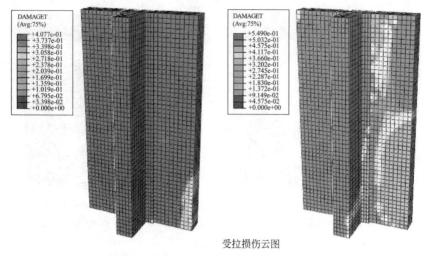

受拉损伤云图

图 3.5-23 T 型试件典型损伤云图（T-0.5）（续）

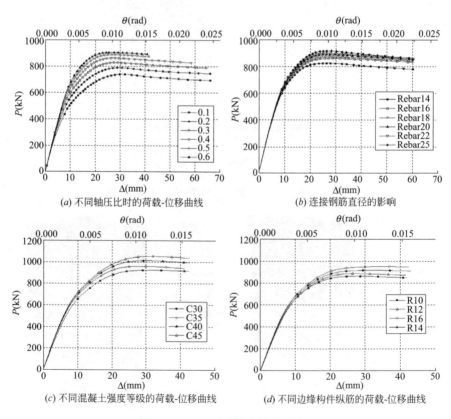

(a) 不同轴压比时的荷载-位移曲线

(b) 连接钢筋直径的影响

(c) 不同混凝土强度等级的荷载-位移曲线

(d) 不同边缘构件纵筋的荷载-位移曲线

图 3.5-24 T 型试件参数分析结果

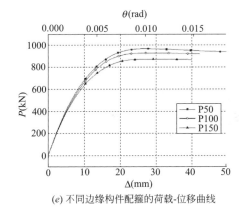

(e) 不同边缘构件配箍的荷载-位移曲线

图 3.5-24 T 型试件参数分析结果（续）

L-Ⅰ型试件试验与数值模拟主要承载力和位移指标对比 表 3.5-7

试件编号				L-Ⅰ-0.5	L-Ⅰ-0.4	L-Ⅰ-0.3	L-Ⅰ-0.5-C
屈服点	正向	荷载（kN）	试验值	903.95	893.17	751.2	893.47
			模拟值	846.3	802.93	726.98	902.66
			试验/模拟	1.07	1.11	1.03	0.99
		位移（mm）	试验值	11.36	10.84	8.63	9.74
			模拟值	12.19	12.04	11.81	9.26
			试验/模拟	0.93	0.90	0.73	1.05
	负向	荷载（kN）	试验值	893.13	790.03	668.45	958.35
			模拟值	905.68	841.65	756.58	940.65
			试验/模拟	0.99	0.94	0.88	1.02
		位移（mm）	试验值	14.10	13.92	12.11	12.17
			模拟值	12.92	12.65	12.29	11.17
			试验/模拟	1.09	1.10	0.99	1.09
峰值点	正向	荷载（kN）	试验值	1107.9	1059.5	926.4	1124.6
			模拟值	979.0	926.0	854.4	1051.36
			试验/模拟	1.12	1.14	1.08	1.07
		位移（mm）	试验值	29.27	29.41	39.54	30.21
			模拟值	24.14	25.39	27.50	21.15
			试验/模拟	1.21	1.16	1.44	1.43

续表

试件编号				L-Ⅰ-0.5	L-Ⅰ-0.4	L-Ⅰ-0.3	L-Ⅰ-0.5-C
峰值点	负向	荷载 (kN)	试验值	1157.9	1045.3	964.6	1220.4
			模拟值	1028.5	967.2	912.5	1091.3
			试验/模拟	1.13	1.08	1.06	1.12
		位移 (mm)	试验值	39.56	38.8	39.98	30.10
			模拟值	22.49	23.16	23.64	20.66
			试验/模拟	1.76	1.67	1.69	1.46
极限点	正向	位移 (mm)	试验值	48.38	49.73	59.97	30.21
			模拟值	43.22	45.41	48.61	33.76
	负向	位移 (mm)	试验值	50.86	48.19	60.12	30.10
			模拟值	37.76	39.36	41.04	28.68
位移延性系数			试验值	3.61	4.59	4.97	2.47
			模拟值	3.10	3.27	3.48	2.57

L-Ⅱ型试验与数值模拟主要结果对比 表 3.5-8

试件编号				L-Ⅱ-0.5	L-Ⅱ-0.4	L-Ⅱ-0.3	L-Ⅱ-0.5-C
屈服点	正向	荷载 (kN)	试验值	930.66	846.53	681.5	1062.8
			模拟值	1121.5	944.6	827.13	1120.2
			试验/模拟	0.83	0.90	0.83	0.95
		位移 (mm)	试验值	13.00	8.08	7.07	9.54
			模拟值	12.51	11.98	11.64	8.42
			试验/模拟	1.04	0.67	0.61	1.13
	负向	荷载 (kN)	试验值	1026.7	771.05	691.9	1067.3
			模拟值	1123.6	946.4	823.9	1110.2
			试验/模拟	0.91	0.82	0.84	0.96
		位移 (mm)	试验值	13.53	8.90	7.89	10.34
			模拟值	12.75	12.04	11.78	9.13
			试验/模拟	1.06	0.74	0.67	1.13
峰值点	正向	荷载 (kN)	试验值	1239.5	1019.6	858.2	1286.1
			模拟值	1271.6	1219.0	1086.2	1352.2
		位移 (mm)	试验值	46.35	26.82	30.34	22.72
			模拟值	24.04	26.09	27.55	20.84

续表

试件编号			L-Ⅱ-0.5	L-Ⅱ-0.4	L-Ⅱ-0.3	L-Ⅱ-0.5-C
峰值点	负向	荷载(kN) 试验值	1238.3	1050.3	900.4	1350.6
		荷载(kN) 模拟值	1295.7	1246.7	1162.4	1298.7
		位移(mm) 试验值	36.36	39.35	31.20	35.81
		位移(mm) 模拟值	24.24	26.16	28.50	18.59
极限点	正向	位移(mm) 试验值	61.76	36.57	64.3	31.38
		位移(mm) 模拟值	45.34	48.61	49.96	40.63
	负向	位移(mm) 试验值	44.79	39.35	49.90	35.81
		位移(mm) 模拟值	41.40	44.03	45.21	36.33
延性系数		试验值	3.31	4.42	6.32	3.46
		模拟值	3.23	3.66	3.84	3.98

注：位移延性系数取两个加载方向的较小值。

T 型试件试验与数值模拟主要结果对比　　　　表 3.5-9

试件编号			T-0.5	T-0.4	T-0.3	T-0.5-C
屈服点	荷载(kN)	试验值	556.97	544.93	446.01	676.67
		模拟值	650.2	601.2	531.5	702.8
		试验/模拟	0.86	0.91	0.84	0.96
	位移(mm)	试验值	11.18	9.71	12.96	11.89
		模拟值	12.85	12.71	12.52	11.05
		试验/模拟	0.87	0.76	1.04	1.08
峰值点	荷载(kN)	试验值	851.9	781.2	745.8	789.2
		模拟值	888.0	860.2	829.4	832.6
		试验/模拟	0.96	0.91	0.92	0.95
	位移(mm)	试验值	27.1	28.2	30.6	21.4
		模拟值	26.9	27.3	28.4	18.9
		试验/模拟	1.01	1.03	1.08	1.13
极限点	位移(mm)	试验值	38.54	43.00	52.87	26.83
		模拟值	39.65	43.77	46.94	32.19
		试验/模拟	0.97	0.98	1.13	0.83
延性系数		试验值	3.45	4.43	4.08	2.92
		模拟值	3.09	3.34	3.49	2.19

理论分析结果表明：

(1) 数值模拟得到的滞回曲线、单调加载曲线与试验结果符合较好，表明所选用软件及单元类型合适，可用于分析研究预制装配式剪力墙的受力变形性能；

（2）采用单排钢筋灌浆套筒连接的预制装配式剪力墙承载力较同等情况下的现浇剪力墙略低，但变形能力明显要好，其抗震性满足规范及工程应用要求；

（3）钢筋灌浆套筒连接方式确保预制装配式剪力墙充分发挥其抗震性能，并有必要的安全储备，设计时宜适当加强端部连接钢筋的直径；

（4）轴压比、连接钢筋配筋量等对预制装配式剪力墙抗震性能有明显影响，实际工程应用时，应结合安全及施工方便角度，确定合理的轴压比、连接钢筋数量及配筋量等。

3.5.5.3　结论

通过对预制装配式剪力墙结构中典型拼装构件在较大轴压力、偏心水平荷载作用下的低周反复荷载试验及有限元数值仿真分析，可得以下结论及建议：

（1）整个试验过程中，采用套筒灌浆连接的钢筋接头未出现钢筋拔出或套筒本体破坏等现象，进一步验证了所研发的套筒及配套灌浆料可用于实际工程中预制装配构件受力钢筋的连接；

（2）试验研究及数值仿真研究表明，和现浇对比试件比较，墙板竖向受力钢筋采用单排灌浆套筒连接的预制装配剪力墙斜截面抗剪承载力略低（5％左右），但变形能力、延性及耗能能力明显好于现浇对比试件，同时试验所得承载力也高于根据等效厚度按规范公式计算所得承载力，试件破坏时的极限位移角大于规范限值，由此表明试验预制装配式剪力墙结构构件可用于实际工程实践；

（3）试验研究及数值仿真研究表明轴压比对采用单排灌浆套筒连接的预制装配剪力墙的抗震性能及破坏形态有显著影响，随着轴压比增大，预制装配剪力墙承载力提高，但变形能力、延性及耗能能力下降，轴压比较小时其破坏形态表现为试件底角混凝土局部压碎、套筒端部钢筋压曲，轴压比较大时其破坏形态表现为试件底部及墙身混凝土大块剥落，承载力及刚度下降更快，脆性特征更为明显；

（4）试验研究及数值仿真研究表明预制装配剪力墙墙肢端部连接钢筋应力水平明显高于内部连接钢筋，且对试件承载力、变形能力和破坏形态有明显影响，实际工程应用时应注意适当加强并确保接头质量；

（5）试验研究表明预制装配剪力墙灌浆封堵料及坐浆料强度及坐浆质量对试件承载力、变形能力和破坏形态有显著影响，实际工程应用时建议封堵料采用和坐浆料尽量采用同一种材料并确保封堵及坐浆质量，当采用普通水泥砂浆封堵时，应注意控制嵌缝深度，避免过多侵占墙肢有效受力面积。

3.5.6 套筒灌浆施工工艺

1. 施工机具

针对所研制的高强灌浆料及灌浆施工特点和要求，设计、开发了如图 3.5-25 所示的灌浆设备及配套使用的辅助工具，同时提出了如图 3.5-26 所示灌浆施工工艺流程图。灌浆设备的合理选用及按工艺要求施工，可确保预制构件灌浆工作的顺利进行，确保灌浆施工质量。

图 3.5-25 主要灌浆设备及辅助工具

2. 施工工艺流程（图 3.5-26）

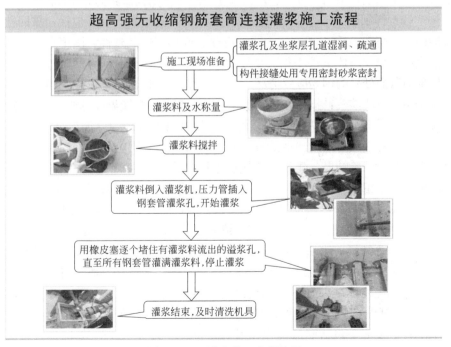

图 3.5-26 灌浆施工流程简图

3.6　接缝连接梁技术

为开发钢筋混凝土剪力墙结构的预制装配技术，现以预制混凝土剪力墙结构中的竖向抗侧力构件即预制混凝土剪力墙构件为主要研究对象，研究带非弹性水平接缝的预制混凝土剪力墙构件的抗震性能，并进一步开发和研究带有新型拼缝构造及连接节点的预制混凝土剪力墙构件。主要内容如下：

（1）在对比和总结前人研究成果的基础上，提出了"接缝连接梁"的概念来实现竖向抗侧力剪力墙构件中竖向钢筋的连续性连接。设计了尺度比例为 1∶1 的 12 片预制混凝土剪力墙试件、2 片整体现浇墙体试件进行了固定轴压比下的低周反复加载试验研究（高宽比分为 1.7 和 2.8 两种）。将不同高度的接缝连接梁分别布置于墙体底部、墙体中部来研究其对墙体性能的影响，并与整体现浇墙体试件进行对比。主要介绍了墙体试件的设计、制作与吊装拼接、接缝连接梁的制作，以及每一个墙体试件在实际试验过程中的现象描述及最终的破坏形态；在思考总结结构试验各个环节中注意事项的基础上，指出了今后进行精细化、统一化结构试验的必要性。

（2）详细给出了每一个墙体试件的试验研究结果，主要包括：滞回性能曲线、荷载-位移骨架曲线、强度退化、变形特性及延性、刚度退化、耗能大小，以及墙体试件中相关重要部位（接缝连接梁上下界面附近、墙体底部横截面处）的钢筋应变情况；进一步详细给出了接缝连接梁的相关试验结果，主要涉及：损伤分布及演化、剪切变形、接缝界面的张开及滑移、接缝连接梁中的水平纵向钢筋、箍筋以及封闭矩形环的钢筋应变情况等，为全面了解接缝连接梁的性能反应及其对墙体性能反应的影响提供了试验依据。基于试验结果，建立了带接缝连接梁的预制混凝土剪力墙的骨架曲线模型，采用四折线模型，考虑了高宽比、接缝连接梁高度的影响，给出了骨架曲线关键点的计算方法及公式，计算结果与试验结果比较接近，可为带接缝连接梁的预制混凝土剪力墙进行精细化有限元分析奠定一定的基础。

（3）总结了剪力墙、结构接缝的模拟分析方法；利用通用有限元软件 ABAQUS 对 12 片带有接缝连接梁的预制混凝土剪力墙试件（另含 2 片整体现浇墙体试件）进行了精细化的数值模拟分析。在通用有限元软件 ABAQUS 中采用实体单元精确地模拟了墙体试件在单调递推荷载作用下的性能反应，包括变形模式、损伤分布及应力分布、荷载-位移骨架曲线等内容，分析结果较好地吻合了墙体试件的试验结果。在此基础之上，进行了 12 片带接缝连接梁的预制混凝土剪力墙在相关因素下的参数分析，主要涉及：接缝界面的摩擦系数、轴压荷载大小、接缝钢筋直径（纵向钢筋及箍筋）及接缝混凝土的强度等级，给出了相应的分析结果。

（4）根据现有连接节点的类型及设计原则，结合试验研究结果，提出并开发了两种连接预制混凝土剪力墙的新型连接节点，即型钢混凝土接缝连接梁和可更换连接节点。通过有限元软件 ABAQUS 进行了带有型钢混凝土接缝连接梁在预制混凝土墙体的不同部位（墙体底部和中部）时的单调递推荷载作用下的性能反应分析。针对可更换连接节点，选用了两种截面组合形式及腹板开孔下的可更换工字梁，进行了轴向荷载及侧向水平位移下的反应分析；在此基础之上，将截面组合形式 2 的可更换工字梁节点应用到预制墙体底部，进行了单调递推荷载下的性能分析，给出了预制墙体的荷载-位移骨架曲线、损伤分布、应力分布云图及可更换节点的应力分布图；进一步对该可更换节点进行了改进和性能分析，给出了相关的结论及建议。

（5）简述了建筑结构的抗震理论发展及抗震设计方法的种类，介绍了几种基于性能的设计方法，回顾了基于位移抗震设计方法的基本流程。详细总结并对比了各种延性指标的定义及计算公式，提出了适用于预制混凝土剪力墙的新延性指标"相对应变能"，建立并推导了新延性指标"相对应变能"与传统延性指标"位移延性"之间的关系；提出了基于构件层次、适用于带接缝连接梁或连接节点的预制混凝土剪力墙构件的整体延性与局部延性的概念，建立并推导了几种情形下构件层次的整体延性（对预制墙体）与局部延性（对接缝连接梁或连接节点）之间的关系；在此基础之上，给出了基于位移-延性双参数控制的预制混凝土剪力墙构件抗震设计方法的具体步骤。

（6）最后就预制混凝土剪力墙结构方面进一步工作的方向进行了简要的讨论。其创新性主要体现在以下几个方面：

1）提出采用"接缝连接梁"的概念及对应的构造措施来实现预制混凝土剪力墙中竖向钢筋的连续性连接，并基于试验结果提出了考虑结构接缝因素在内的剪力墙构件荷载-位移骨架曲线的多折线模型，以供实际工程设计或非线性分析作为参考。

2）开发了两种新型的连接节点也即是型钢混凝土接缝连接梁和可更换连接节点，以用于预制混凝土剪力墙构件之间的连接，其中，开发出型钢混凝土接缝连接梁用来改善普通接缝混凝土连接梁的性能反应，可以有效提高墙体的承载力，减小或减轻接缝连接梁及预制墙体的损伤。

而开发出可更换连接节点来实现预制混凝土剪力墙竖向抗侧力构件的连接，尤其适用于以剪切变形为主的低矮预制混凝土剪力墙的连接，从而实现连接节点的变形与耗能，更好地实现结构性能的控制及优化，而且还可以进行震后的更换。

3）提出采用新的延性指标"相对应变能"来作为衡量构件或连接节点的延性特性，建立了传统的位移延性指标与新的延性指标"相对应变能"之间的关系；推导并建立了基于构件层次的、带接缝连接梁或连接节点的预制混凝土剪力墙的整体位移延性与局部位移延性之间的关系，进一步提出了基于位移-延性双参数控制的预制混凝土剪力墙构件抗震设计方法的具体步骤，不仅可以确保构件设计时传统的强度要求，更为重要的是突出考虑了延性以及耗能方面的性能，以期望为实际工程中构件的能量设计或延性耗能设计提供技术参考。

3.6.1　接缝连接梁试件设计

预制混凝土剪力墙体试件采用矩形截面形式，截面尺寸为 1000mm×200mm（截面高度×截面宽度）。墙体试件由预制混凝土墙段（墙板）、加载顶梁、接缝连接梁，及刚性底座组成。其中预制混凝土墙段（墙板）与加载顶梁，或预制混凝土墙段（墙板）与刚性底座同时浇筑制作为一整体，预制混凝土墙段（墙板）之间采用接缝连接梁进行连接。加载顶梁的尺寸为 1800mm×400mm×400mm（长度×截面宽度×截面高度）。预制墙体试件及接缝连接梁均采用 C40 的商品混凝土和 HRB400 级钢筋（墙体的边缘构件箍筋采用 HPB300）。墙体试件的主要变化参数是接缝连接梁所处的位置、截面高度及其配筋情况。图 3.6-1 为试件设计简图，表 3.6-1 为试件主要参数一览。图 3.6-2 为试件的加工制作。

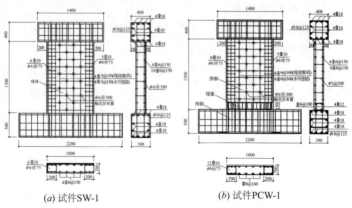

(a) 试件SW-1　　　　　(b) 试件PCW-1

图 3.6-1　试件设计简图

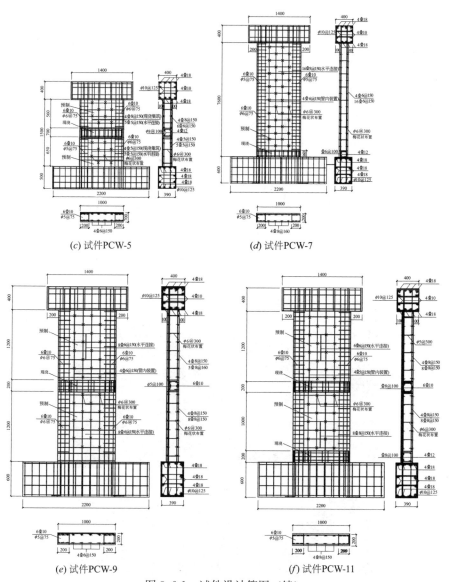

(c) 试件PCW-5　　　　　　　(d) 试件PCW-7

(e) 试件PCW-9　　　　　　　(f) 试件PCW-11

图 3.6-1　试件设计简图（续）

试件主要参数一览　　　　　　表 3.6-1

试件编号	水平连接接缝连接梁				边缘构件		分布钢筋	接缝连接梁
	高度	位置	纵筋	箍筋	纵筋	箍筋	水平/竖向	混凝土等级
SW-1	—	—	—	—	6⊕10	Φ6@75	⊕8@150	C40
PCW-1	150	墙体底部	4⊕12	⊈6@100	6⊕10	Φ6@75	⊕8@150	C40
PCW-2	200	墙体底部	4⊕12	⊈6@100	6⊕10	Φ6@75	⊕8@150	C40

试件编号	水平连接接缝连接梁				边缘构件		分布钢筋	接缝连接梁
PCW-3	300	墙体底部	6Φ10	Φ8@100	6Φ10	Φ6@75	Φ8@150	C40
PCW-4	150	墙体中部	6Φ10	Φ6@100	6Φ10	Φ6@75	Φ8@150	C40
PCW-5	200	墙体中部	4Φ12	Φ8@100	6Φ10	Φ6@75	Φ8@150	C40
PCW-6	300	墙体中部	6Φ12	Φ8@100	6Φ10	Φ6@75	Φ8@150	C40
SW-2	—	—		—	6Φ10	Φ6@75	Φ8@150	C40
PCW-7	150	墙体底部	4Φ12	Φ6@100	6Φ10	Φ6@75	Φ8@150	C40
PCW-8	200	墙体底部	6Φ10	Φ8@100	6Φ10	Φ6@75	Φ8@150	C40
PCW-9	200	墙体中部	6Φ10	Φ8@100	6Φ10	Φ6@75	Φ8@150	C40
PCW-10	300	墙体中部	6Φ10	Φ10@100	6Φ10	Φ6@75	Φ8@150	C40
PCW-11	200	墙体底部中部	6Φ10	Φ8@100	6Φ10	Φ6@75	Φ8@150	C40
PCW-12	300	墙体底部中部	6Φ10	Φ8@150	6Φ10	Φ6@75	Φ8@150	C40

图 3.6-2　试件的加工制作

3.6.2　试验及结果处理

全部试件的静力循环加载试验均在同济大学土木工程防灾国家重点实验室完成。主要试验设备为 SCHENCK 结构试验系统和液压式千斤顶。其中，液压式千斤顶顶端带高滑动性能滚轮，加载钢梁与千斤顶滚轮的接触面经特殊处理减小摩擦系数，以尽可能减少竖向荷载施加后试件水平运动时所受到的滚动摩擦力。所有墙体试件的竖向力根据实测混凝土强度和试件截面面积计算得到，一次性施加于柱顶，然后将 SCHENCK 试验机的端部与试件加载板连接。试验采用位移控制加载方式，开始时以小位移幅值增量的方式递增，每级 1 圈，位移增量 1mm；墙体试件屈服后，以屈服位移的整数倍递增加载，每级循环 3 圈，直至墙体试件破坏。图 3.6-3 为加载示意图，图 3.6-4 为试件最终破坏形态，图 3.6-5 为试验所得典型滞回曲线，表 3.6-2 和表 3.6-3 为主要试验结果。

(a) 矮墙

(b) 高墙

图 3.6-3　试件加载示意图

(a) PCW-1　　(b) PCW-2　　(c) PCW-3　　(d) PCW-4

(e) SW-1　　(f) PCW-7　　(g) PCW-8

图 3.6-4　典型试件破坏形态

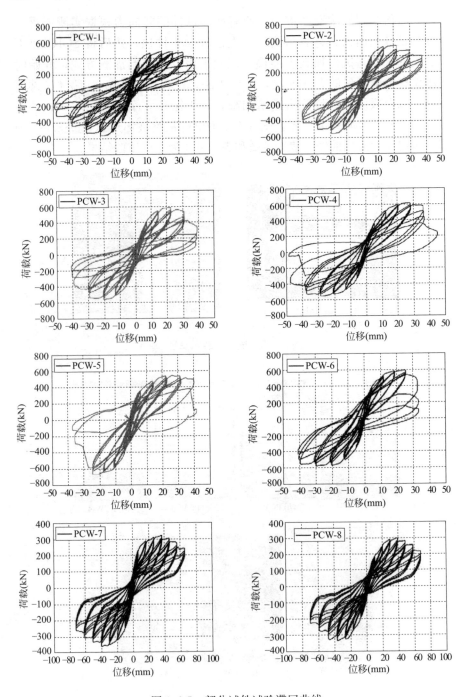

图 3.6-5 部分试件试验滞回曲线

墙体试件各个阶段时的水平力 表 3.6-2

试件编号	F_{cr}(kN)			F_y(kN)			F_m(kN)			F_u(kN)		
	正向	反向	平均	正向	反向	平均	正向	反向	平均	正向	反向	平均
SW-1	231.81	175.66	203.74	477.66	478.00	477.83	655.52	606.32	630.92	557.19	515.37	536.28
PCW-1	189.64	183.95	186.80	411.08	363.48	387.28	554.01	488.54	521.28	470.91	415.26	443.09
PCW-2	114.75	125.73	120.24	395.27	402.53	398.90	547.85	529.42	538.64	465.67	450.01	457.84
PCW-3	127.94	148.56	138.25	409.00	452.80	430.90	554.09	594.32	574.21	470.98	505.17	488.08
PCW-4	98.3	122.7	110.5	407.88	448.59	428.24	542.40	619.90	581.15	461.04	526.92	493.98
PCW-5	131.1	203.9	167.5	473.04	384.53	428.79	660.40	537.00	598.70	573.70	512.00	542.85
PCW-6	105.47	105.22	105.35	418.14	415.38	416.76	574.34	588.99	581.67	551.15	534.18	542.67
SW-2	144.8	135.8	140.30	297.80	283.40	290.60	426.10	394.40	410.25	362.19	335.24	348.72
PCW-7	99.0	108.1	103.55	266.27	237.07	251.67	357.70	325.70	341.70	256.48	304.05	280.27
PCW-8	85.47	89.63	87.55	246.20	222.37	234.29	330.21	301.74	315.98	280.28	256.48	268.38
PCW-9	89.20	84.6	86.90	267.50	232.94	250.22	362.40	319.70	341.05	308.04	271.75	289.90
PCW-10	87.63	96.48	92.06	252.88	241.77	247.33	355.90	333.67	344.79	302.52	283.62	293.07
PCW-11	91.70	100.80	96.25	211.07	188.87	199.97	295.60	245.60	270.60	251.26	208.76	230.01
PCW-12	93.48	97.02	95.25	280.69	246.27	263.48	391.68	340.59	366.14	332.93	289.50	311.22

墙体试件各个阶段的变形值及延性 表 3.6-3

试件编号	Δ_{cr}(mm)			Δ_y(mm)			Δ_u(mm)			延性	
	正向	反向	平均	正向	反向	平均	正向	反向	平均	μ_Δ	$\xi(\Delta_u)$
SW-1	2.04	2.84	2.44	7.58	13.82	10.7	33.85	45.56	39.71	3.71	0.832
PCW-1	1.6	1.2	1.40	7.42	5.46	6.44	31.68	35.46	33.57	5.21	0.940
PCW-2	1.48	1.04	1.26	6.67	6.65	6.66	28.42	30.04	29.23	4.39	0.878
PCW-3	1.6	1.3	1.45	7.87	9.08	8.48	30.88	29.17	30.03	3.54	0.812
PCW-4	1.1	1.6	1.35	10.37	8.98	9.68	38.34	34.18	36.26	3.75	0.836
PCW-5	1.2	1.7	1.45	7.02	7.74	7.38	25.7	34.7	30.2	4.09	0.815
PCW-6	1.81	1.88	1.85	8.47	6.50	7.49	38.78	26.20	32.49	4.34	0.831
SW-2	2.8	3.5	3.15	15.21	14.49	14.85	65.53	63.97	64.75	4.36	0.808
PCW-7	2.2	1.9	2.05	13.45	7.11	10.28	60.49	53.96	57.23	5.57	0.824
PCW-8	0.89	3.53	2.21	15.08	15.31	15.20	54.15	57.32	55.74	3.68	0.826
PCW-9	1.3	3.2	2.25	14.37	14.15	14.26	62.63	58.50	60.57	4.25	0.855
PCW-10	2.51	2.19	2.35	16.74	13.07	14.91	65.27	56.94	61.11	4.10	0.815
PCW-11	2.3	2.2	2.25	11.82	6.82	9.32	58.77	50.01	54.39	5.83	0.899
PCW-12	2.13	2.02	2.08	13.63	12.43	13.03	51.17	49.10	50.14	3.85	0.882

3.6.3 试验结论

1. 与整体现浇墙体试件类似，预制混凝土墙体试件也发生弯剪破坏模式；破坏形态基本相同，均为墙体角部混凝土压碎、钢筋拉断或屈曲。接缝连接梁处于墙体底部时因其受力较大而试件破坏较为严重；处于墙体中部试件发生破坏时，接缝连接梁基本完好。

2. 预制、现浇墙体试件的承载力基本相当，预制墙体略有降低，降低幅度最大为 18%（试件 PCW-1），这与接缝连接梁界面的薄弱面有关。接缝连接梁的位置及截面高度对试件承载力有一定程度的影响：随着接缝连接梁高度的增大，墙体承载力有所增加，无论墙体处于墙体底部或中部，但这规律对高墙体不太明朗，这与接缝连接梁的浇筑施工质量也密切相关，需要进一步加强研究。预制墙体试件的变形能力略低于现浇墙体试件，但其极限位移角均超过 1/100；预制墙体试件的延性可与现浇墙体试件相当，甚至略好；预制、现浇墙体试件的刚度退化及发展程度基本一致、耗能面积相差不多。

3. 预制、现浇墙体试件底部截面进入弹塑性阶段后不再符合平截面假定，尤其对于接缝连接梁上界面，无论其处于墙底或墙体中部，这是由于接缝连接梁上界面在浇筑混凝土时很难浇筑密实，存在着薄弱位置。

4. 接缝连接梁的损伤破坏程度与其高度大小、所处墙体的位置及受力大小情况密切相关；也与整体墙的变形模式有所关联。其上下界面的损伤程度、滑移量的大小与其所处位置、高度、墙体的高宽比有关：以低矮墙体中处于底部时的上界面损伤、滑移最为突出，另外这也与施工浇筑时所形成的薄弱面极易被破坏密切关联。

5. 接缝连接梁中的纵向钢筋应变分布与其所处墙体中的位置相关。处于墙体底部时，水平纵向钢筋的应变分布沿着其轴线方向基本呈现 U 形分布，即两端大，中间小；甚至端部的钢筋应变达到屈服状态。接缝连接梁处于墙体中部时，水平纵向钢筋的应变分布不再呈现 U 形分布，略微呈现线性或梯形分布，中部的应变相对较大。接缝连接梁中的箍筋应变与其所在墙体中的位置、接缝连接梁的高度及墙体的高宽比有关。

6. 试验所提出的接缝连接梁的连接构造形式是可以有效传递上、下预制墙板的荷载的，尤其当用于以弯曲变形为主的较高预制墙体时更为可靠有效，而当其应用于以剪切变形为主的低矮墙体时，效果并不是非常理想，但基本可以满足工程要求。这同时可能与接缝连接梁的施工浇筑质量也有一定的关联性。应当就接缝连接梁的数量及其施工浇筑质量进行进一步的完善研究。

7. 通过对 14 个低周反复加载试验的墙体试件的骨架曲线进行了无量化分析，无量纲化的骨架曲线具有很好的规律性，可以采用四个特征点进行简化标识。从试验拟合的角度出发，提出了带接缝连接梁的预制混凝土剪力墙的四折线骨架曲线模型，并将计算得到的骨架曲线与本文的试验结果进行了对比，关键点的计算值与试验结果吻合较好，但下降段的刚度不甚令人满意，限于试验数据的有限性，需要进一步深入研究。

3.6.4 理论分析

为更好地研究预制装配墙体的抗震性能，采用软件 ABAQUS 对上述 14 个墙体试件试验进行有限元分析。建模过程涉及单元类型的选择、材料模型的选择、网格的划分、边界条件及载荷的施加，尤其是接缝连接梁与预制墙板的界面之间的处理。通过有限元软件 ABAQUS 精确地模拟分析了墙体试件的骨架曲线、受拉和受压损伤分布以及应力分布情况；在此基础之上，对所有预制墙体试件的骨架曲线进行了参数分析，主要的影响参数涉及轴向荷载的大小、接缝界面的摩擦系数、接缝纵向钢筋的直径、接缝箍筋的直径、接缝混凝土的强度等级等。

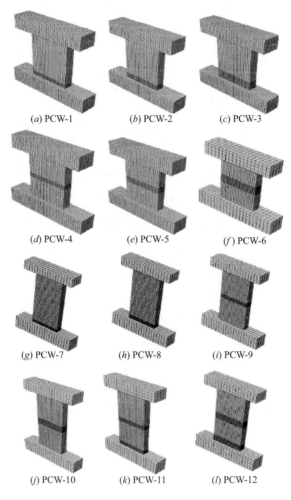

(*a*) PCW-1　　　　(*b*) PCW-2　　　　(*c*) PCW-3

(*d*) PCW-4　　　　(*e*) PCW-5　　　　(*f*) PCW-6

(*g*) PCW-7　　　　(*h*) PCW-8　　　　(*i*) PCW-9

(*j*) PCW-10　　　　(*k*) PCW-11　　　　(*l*) PCW-12

图 3.6-6　预制混凝土剪力墙试件的有限元模型

　　各试件有限元分析模型简图见图 3.6-6，图 3.6-7 为部分试件的试验及理论分析骨架曲线对比，图 3.6-8 为部分试件的损伤应力云图。

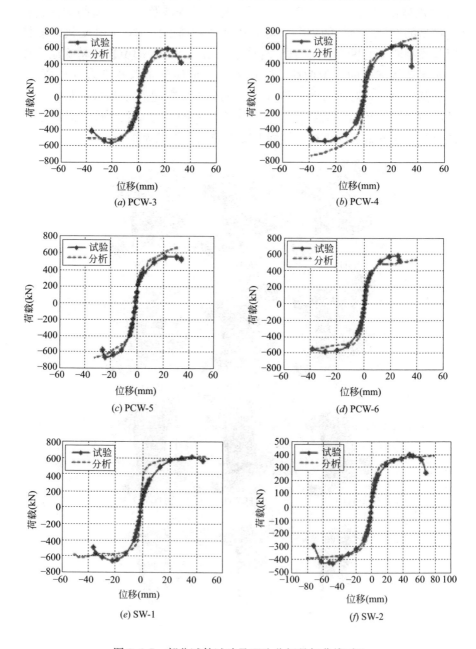

(a) PCW-3　　　　　　　　　　　(b) PCW-4

(c) PCW-5　　　　　　　　　　　(d) PCW-6

(e) SW-1　　　　　　　　　　　(f) SW-2

图 3.6-7　部分试件试验及理论分析骨架曲线对比

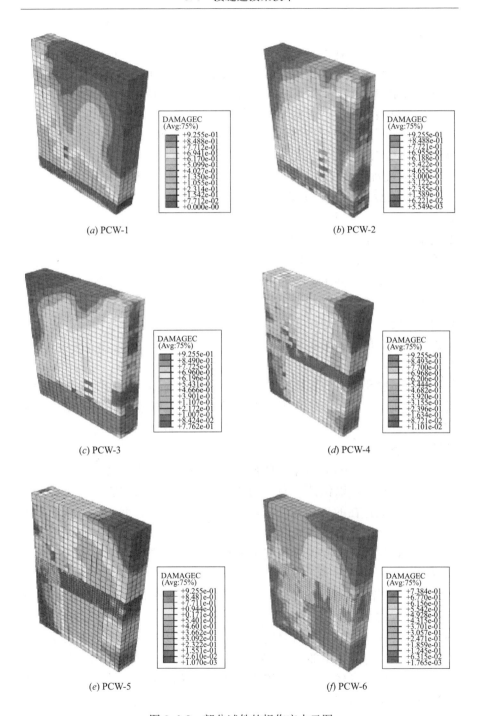

图 3.6-8 部分试件的损伤应力云图

分析结论：

1. 通过 ABAQUS 软件对 14 片墙体试件进行了精细化的模拟分析，采用实体有限元法精确模拟了各个墙体试件的各部分的反应，主要包括试件的骨架曲线、受拉受压损伤分布云图、墙体混凝土部分的应力分布图，并与试验结果进行了对比，计算分析表明模拟结果与试验结果基本一致，说明所选用的分析模型及分析方法是可行的、合理的。不足之处在于 ABAQUS 软件不能很好地模拟出骨架曲线的下降段。

2. 通过对预制墙体试件一系列的参数分析结果表明，摩擦系数的大小对墙体承载力的影响以 $\mu=0.5$ 为界限，超过该数值时基本影响不大，且摩擦系数的大小对墙体承载力的影响与外部轴压荷载的大小也有一定的关系；随着轴压比的增大，墙体试件的承载力呈现递增趋势，但下降段并不明朗；接缝连接梁中的纵向钢筋、箍筋的直径对墙体承载力具有一定的增大作用，但并不显著；接缝连接梁中的混凝土强度等级的提高会增大墙体承载力，但其增大程度并不大，且与接缝连接梁所处的位置及高度有一定的关联。建议不应过分增大接缝混凝土的强度等级，以免发生接缝过强而使墙体的损伤破坏部位发生转移。

3.6.5 结论

通过试验研究、计算模拟对新型预制混凝土剪力墙构件的抗震性能进行了分析，并进一步研发了含有两种不同连接节点的新型预制混凝土剪力墙构件，最后提出了基于构件层次的抗震设计方法，主要研究工作及结论如下：

1. 提出了"接缝连接梁"的概念来实现预制混凝土剪力墙构件在竖直方向上的连接，以保证竖向钢筋的连续性连接。该方法克服了传统的连接方法可能存在的弊端或问题，诸如：钢筋搭接长度太长、预埋钢筋发生锚固破坏、造价成本较高、施工工艺过于复杂等。可以使施工速度大为提高，从而促进或加快新型装配化建筑尤其是剪力墙住宅结构的推广及应用。

2. 在提出接缝连接梁的概念及连接构造的基础上，进行了 12 片带有接缝连接梁的预制混凝土剪力墙试件在低周期反复加载下的试验研究，并与整体现浇墙体试件进行对比。研究参数主要包括：接缝连接梁的位置（墙体底部与墙体中部）、接缝连接梁的高度、接缝连接梁的配筋情况（接缝纵向钢筋、接缝箍筋）、接缝连接梁的混凝土强度等级。主要研究的是在固定轴压力作用下的性能反应。主要的结论如下：

（1）与整体现浇墙体试件类似，预制混凝土墙体试件也发生弯剪破坏模式；破坏形态基本相同，均为墙体角部混凝土压碎、钢筋拉断或屈曲，但接缝连接梁上界面出现明显的通缝。接缝连接梁处于墙体底部时因其受力较大而试件破坏较为严重；处于墙体中部试件发生破坏时，接缝连接梁基本完好。预制、现浇墙体试件的承载力基本相当，预制墙体略有降低，降低幅度最大为 18%（试件 PCW-1），这与接缝连接梁界面为薄弱面有关。接缝连接梁的位置及截面高度对试件承载力有一定程度的影响：随着接缝连接梁高度的增大，墙体承载力有所增加，无论墙体处于墙体底部或中部，但这规律对高墙体不太明朗，可能与施工时接缝连接梁的浇筑施工质量有关，需进一步深入研究。预制墙体试件的变形能力略低于现浇墙体试件，但其极限位移角均超过 1/100；预制墙体试件的延性可与现浇墙体试件相当，甚至略好；预制、现浇墙体试件的刚度退化及发展程度基本一致、耗能面积相差不多。

（2）接缝连接梁的损伤破坏程度与其高度大小、所处墙体的位置及受力大小情况密切相关；也与整体墙的变形模式有关联。其上下界面的损伤程度、滑移量的大小与其所处位置、高度、墙体的高宽比有关：以低矮墙体中处于底部时的上界面损伤、滑移最为突出，另外这也与施工浇筑时所形成的薄弱面极易被破坏密切关联。接缝连接梁中的水平纵向钢筋应变分布与其所处墙体中的位置相关。处于墙体底部时，水平纵向钢筋的应变分布沿着其轴线方向基本呈现 U 形分布，即两端大，中间小，甚至端部的钢筋应变达到屈服状态；接缝连接梁处于墙体中部时，水平纵向钢筋的应变分布不再呈现 U 形分布，略微呈现线性或梯形分布，中部的应变相对较大。接缝连接梁中的箍筋应变与其所在墙体中的位置、接缝连接梁的高度及墙体的高宽比有关。

（3）采用本书所提出的接缝连接梁的连接构造形式是可以有效传递上、下预制混凝土墙板之间的荷载，尤其当用于以弯曲变形为主的较高预制墙体时更为可靠有效，而当其应用于以剪切变形为主的低矮墙体时，效果并不是很理想，但基本可满足工程要求。

（4）基于墙体试件的试验结果，对 14 片墙体试件的荷载-位移关系骨架曲线进行了无量纲化分析，并建立了四折线模型及各个关键特征点的计算方法，主要与墙体的开裂刚度及峰值荷载密相关联。通过计算结果与试验结果的对比表明，所提出的四折线骨架曲线模型与试验结果吻合较好，可以为类似带有接缝连接梁的预制混凝土剪力墙的有限元分析提供科学依据和技术参考。

3. 采用大型通用有限元软件 ABAQUS 对上述的 12 片带接缝连接梁

的预制混凝土剪力墙体试件进行了性能分析，并进一步做了相关的参数分析。

（1）在回顾和对比现有各种剪力墙有限元模拟方法的基础上，着重阐述和界定了"结构接缝"的概念：一个"结构接缝/连接接缝区域（a connection）"是一个组件（assembly），由一个或更多个接头（joint）/接触面以及相邻构件的局部部分或整体组成。而"接头（A joint）"是两个或更多的结构构件之间的相互接触面，在这里荷载作用诸如拉力、剪力和压力或者弯矩可能会出现。工程通常所提到的"连接节点"概念，实质上是应当被归结为"结构接缝/连接接缝区域"，但在实际使用时，由于难以确定准确的连接接缝区域范围而往往局限于相邻构件之间的接触面，也即是仅限于接头的范围。接着，重点总结了结构接缝的各种模拟分析方法：零长度接缝单元、接触面单元及接触力学中的接触单元。其中零长度接缝单元因需根据试验结果人为假定出弹簧或拉压杆的荷载-变形曲线特性，从而使得实际使用时存在着不小的困难；接触面单元也通常在确定其厚度数值时存在着不确定性的差异性，而接触力学中的接触单元可以从力学的角度定义接触对，相对显得更为容易使用和操作。

（2）通过 ABAQUS 软件对 14 片墙体试件进行了精细化的模拟分析。通过实体有限元法精确模拟了各个墙体试件在单调递推荷载作用下各部分的反应，主要包括试件的荷载-位移骨架曲线、受拉受压损伤分布云图、墙体混凝土部分的应力分布图等，并与试验结果进行了对比，计算分析结果表明：模拟分析结果与试验结果是吻合、一致的，说明所选用的分析模型及分析方法是可行的、合理的。不足之处在于采用 ABAQUS 软件进行模拟时，未能很好地模拟出墙体试件的荷载-位移骨架曲线的下降段。

4. 提出了带有两种不同类型连接节点的新型预制混凝土剪力墙构件，即型钢混凝土接缝连接节点和可更换连接节点，采用有限元模拟对该这两类连接节点的性能进行了分析，并对可更换连接节点进行了初步的截面形式优化和改进。

（1）相对于普通混凝土接缝连接梁而言，型钢混凝土接缝连接梁的加入，可以提高预制混凝土墙体的承载力，这对于矮墙体而言更为有效；当将其应用于较高墙体中时，型钢混凝土接缝连接梁处于墙体中部并不能像处于墙体底部时显著有效地提高墙体的承载力，这与较高墙体的变形模式以弯曲变形为主，承载力以抗弯为主有关。型钢混凝土接缝连接梁的存在，减小了接缝连接梁混凝土的受压损伤程度和范围，但其受拉损伤范围扩散更广，相对更均匀。工字钢梁的加入，使得墙体的等效塑性应变分布发生了变化，减小了等效塑性应变的分布范围，且当其处于底部时使最大塑性应变的发生位置出现了向上转移。

（2）对两种截面形式的可更换连接节点进行了有限元模拟，分析结果表明截面形式 2 及腹板开洞形式所构成的连接节点相对要显著优于截面形式 1 的节点。也即是可更换工字梁组合腹板的厚度、间距，以及其上的开洞都有相应的要求；通过对带有可更换连接节点（截面形式 2）的预制混凝土剪力墙体的计算分析结果表明，该类可更换连接节点主要适用于承受竖向荷载很小或无竖向荷载下的以剪切变形为主的低矮预制混凝土剪力墙体之间的连接。欲将该类可更换连接节点推广应用，使其性能得以更好地发挥，需解决好竖向荷载的"传递与承压"问题，也即是由可更换连接节点的其他组成部件比如盖板来承担。为此，通过对可更换连接节点的进一步改进并通过性能分析的结果表明，所提出的可更换节点是可以实现预期的效果，槽钢盖板用于承受竖向荷载，而可更换工字钢梁用于承受水平荷载而发生变形及耗能。

5. 提出了基于位移-延性双参数控制的预制混凝土剪力墙构件的抗震设计方法。

（1）总结了结构抗震理论的发展与抗震设计方法的种类，指出：各种不同的抗震设计方法其核心是如何获得或计算作用于结构上的地震力以及地震力如何在结构楼层及结构构件之间的分配。基于直接位移的抗震设计方法更适用于预制混凝土结构体系的设计方法。

（2）延性是预制混凝土结构体系需要重点考虑和着重关注的重要指标之一，因此总结归纳了目前普遍存在的各种延性概念及定义，指出大多数的延性指标并没有包涵耗能因素在内；从材料、构件及结构三个不同的层次对位移延性的等级及划分标准进行了汇总；提出采用"相对应变能"作为一种新的延性指标来衡量结构构件，尤其是连接节点的延性特性，推导并建立了新延性指标"相对应变能"与普遍使用的位移延性指标之间的关系。

（3）在借鉴整体现浇墙体的位移延性与截面曲率延性之间关系的基础上，建立了带接缝连接梁的预制混凝土剪力墙在界面发生不滑移不张开、仅滑移不张开、仅张开不滑移、滑移且张开等几种情形下墙体的位移延性与接缝连接梁的位移延性之间的关系。在此基础之上，提出了基于位移-延性双参数控制的预制混凝土剪力墙构件的抗震设计方法，也即：先根据直接基于位移的抗震设计方法来获得预制混凝土剪力墙结构中结构构件的内力（如剪力墙构件），然后根据剪力墙构件的位移延性需求、墙体的位移延性与连接节点的位移延性之间的关系，来获得连接节点所需的位移延性，并根据位移延性与新延性指标"相对应变能"之间的关系，获得连接节点的相对应变能，根据相对应变能对连接节点进行延性设计，从而完成对带有连接节点或接缝连接梁的预制混凝土剪力墙构件的设计，然后再按照直接基于位移的抗震设计方法继续后续步骤的设计。

3.7 预制夹心保温外墙技术

预制夹心保温外墙，是将 XPS 保温板与钢筋混凝土整体预制成型，使构件产品本身具有保温和结构功能。其构造从外至内：保护层＋保温层＋结构层，三层构造通过具有良好阻热性能的纤维连接件连成一个整体，保温层与结构具有相同的寿命，不会出现热桥，保温隔热效果良好。同时在落结构层钢筋骨架前安装有钢筋灌浆套筒，又使得整个构件具有抗震性能。

3.7.1 夹心保温连接件

夹心保温构造因将保温材料置于两层墙体之间，有效地保护了保温材料，更有可能实现保温体系与主体结构同寿命，因而目前被认为是能较好解决预制装配式工业化建筑外墙保温、结构一体化的技术手段。

预制混凝土夹心保温墙体由内外层混凝土墙板、中间保温层及连接件组成，该墙体具有良好防火及耐久性能，在工厂预制，可做到保温结构一体化，是今后工业化建筑外围护墙体的重点发展方向之一。而内外层之间的夹心保温连接件则是墙体的关键元件。

3.7.1.1 FRP 保温连接件研究开发

目前常用的预制混凝土夹心保温连接件主要分为普通钢筋连接件、金属合金连接件以及玻璃纤维增强塑料（GFRP 或 FRP）连接件 3 种。因 GFRP/FRP 材料具有导热系数低、耐久性好、造价低、强度高的特点，同时考虑到施工方便及连接可靠，经反复试验研究，设计开发了如图 3.7-1 所示的保温连接件，连接件由两部分组成：一为玻璃钢（FRP）连接杆，连接杆横截面为多边形，两端头部分设计成圆锥面，端头大中间小，中间段为圆柱状；另一组成部分为高强工程塑料（ABS）中空"T"形套管。使用时套管直接套在连接杆中间圆柱段上即形成保温连接件。图 3.7-2 为保温连接件实物图，表 3.7-1 为不同规格保温连接件参数一览。

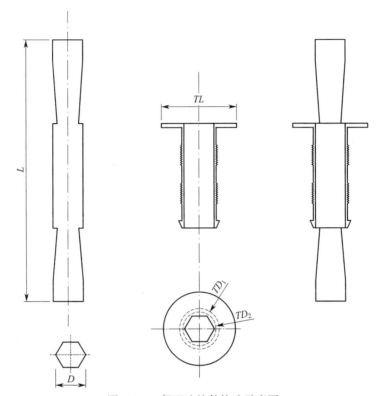

图 3.7-1 保温连接件构造示意图

图 3.7-2 保温连接件实物

保温连接件主要尺寸参数一览 表 3.7-1

型号	本体部分（mm）		套管部分（mm）		
	L	D	TL	TD_1	TD_2
LWB-LJJ-105/35	105	14	35	19	16
LWB-LJJ-135/35	135	14	35	19	16

续表

型号	本体部分（mm）		套管部分（mm）		
	L	D	TL	TD_1	TD_2
LWB-LJJ-125/50	125	14	35	19	16
LWB-LJJ-150/50	150	14	35	19	16
LWB-LJJ-135/60	135	16	35	21	18
LWB-LJJ-160/60	160	16	35	21	18
LWB-LJJ-145/70	145	16	35	21	18

3.7.1.2　FRP 保温连接件力学性能试验

　　为研究图 3.7-2 所示连接件 FRP 连接杆的材料力学性能，委托不同厂家采用不同方式加工了多批次连接杆，设计了专用夹具，进行抗拉及抗剪强度试验，以检验市场供货质量状况。图 3.7-3、图 3.7-4 为试验照片，表 3.7-2、表 3.7-3 为连接件抗拉及抗剪强度试验结果。

图 3.7-3　抗拉试验现场

图 3.7-4　抗剪试验现场

保温连接件抗拉强度试验结果　　　　　　　　　　　**表 3.7-2**

编号	极限荷载（kN）	面积（mm²）	抗拉强度（MPa）
1-1	25.8	28.3	914.4
1-2	26.7	28.3	945.5
1-3	22.1	28.3	780.6
1-4	26.7	28.3	944.1
1-5	22.8	28.3	806.1
1-6	25.7	28.3	908.0
1-7	32.4	28.3	1147.2
1-8	31.4	28.3	1111.1
平均抗拉强度			944.6

		保温连接件剪切强度试验结果		表 3.7-3
编号	极限承载力 （kN）	荷载第一次下降 （kN）	面积 （mm²）	抗剪强度 （MPa）
1-9	25.2		157.0	160.3
1-10	26.8	20.7	157.0	170.6
1-11	27.1	21.6	157.0	172.4
1-12	28.3	21.0	157.0	180.5
1-13	26.0	20.3	157.0	165.7
1-14	27.5	21.8	157.0	175.4
平均抗剪强度				170.8

在完成连接杆材性试验的基础上，选择质量可靠的连接件进行混凝土抗拔试验，试验时有效锚固深度取 30mm，连接杆最大直径 10mm，变截面处最小直径 6mm，试验结果表明当混凝土强度等级为 C30 时，基本为连接杆变截面处断裂或夹具部位劈裂，由此可见正常情况下，保温连接件布置方式及间距由外叶墙荷载、保温层厚度、保温连接件连接杆的有效受力面积及设计锚固深度确定。

3.7.2 试件设计

基于工业化建筑的装修、保温、结构一体化需要，设计、开发了图 3.7-5 所示的全预制夹心保温剪力墙，为检验剪力墙的抗震性能，评估其能否作为结构构件用于高层剪力墙结构外墙，共进行了 3 片夹心保温剪力墙及 1 片现浇对比试件的低周反复荷载试验及理路分析，试件设计参数见表 3.7-4，设计图见图 3.7-6。

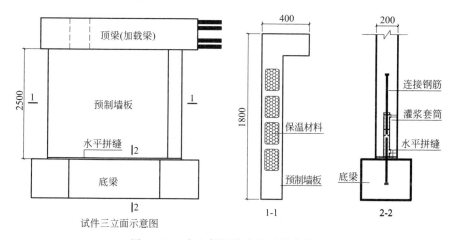

图 3.7-5 夹心保温剪力墙试件大样图

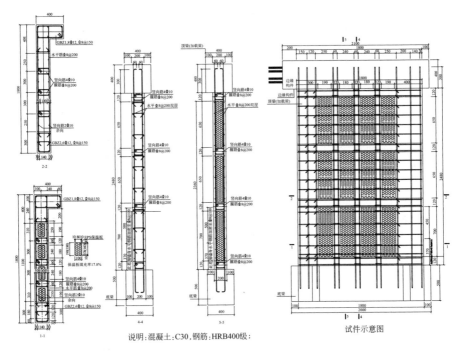

说明:混凝土:C30,钢筋:HRB400级;

图 3.7-6 试件设计详图

试件数量、尺寸、编号及剪跨比 表 3.7-4

试件类型	尺寸(mm)				试件数量	试件编号	剪跨比
	墙长	墙高	墙厚	翼墙			
L形夹心保温全预制剪力墙	1800	2500	200	300	1	L-Ⅱ-0.3	1.53
	1800	2500	200	300	1	L-Ⅱ-0.4	1.53
	1800	2500	200	300	1	L-Ⅱ-0.5	1.53
L形夹心保温现浇对比	1800	2500	200	300	1	L-Ⅱ-0.5-C	1.53
共计					4		

上述试件及试验具有以下特点:

1. 试件为装饰、保温及结构一体化预制剪力墙;

2. 试件为全预制,边缘构件及墙板竖向分布钢筋均依据等量换算原则简化为居中布置的粗钢筋并采用全灌浆套筒连接;

3. 试件设计为"L"形,可考察平面外偏心荷载对试件抗震性能的影响;

4. 预制试件试验轴压比分别取 0.3、0.4 和 0.5,分别模拟高层建筑中不同楼层处剪力墙实际工作状态。

图 3.7-7 为试件加工制作情况。

图 3.7-7 试件加工制作

3.7.3 试验及结果整理、分析

典型试验照片见图 3.7-8，试验滞回曲线见图 3.7-9，主要结果见表 3.7-5。

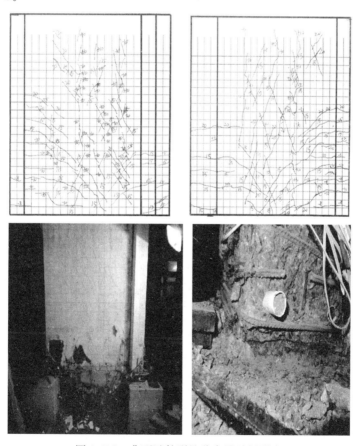

图 3.7-8 典型试件裂缝分布及破坏形态

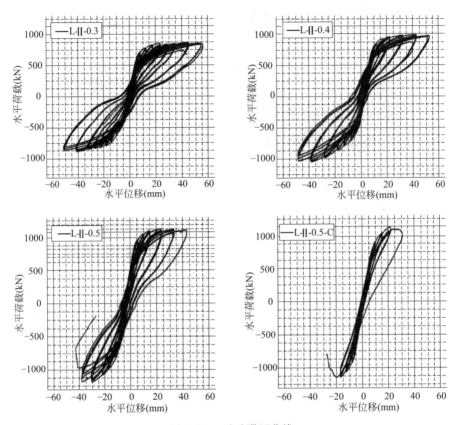

图 3.7-9　试验滞回曲线

L-Ⅱ型剪力墙试验加载曲线特征点数值及计延性系数　　表 3.7-5

试验轴压比		L-Ⅱ-0.3	L-Ⅱ-0.4	L-Ⅱ-0.5	L-Ⅱ-0.5-C
推力方向，即：朝向 L 端	推力-极限位移(mm)	56.44	50.56	49.68	31.28
	推力-极限荷载(kN)	832.00	967.30	1131.50	1013
	推力-峰值荷载(kN)	858.60	985.50	1144.80	1140.50
	推力-屈服位移(mm)	9.12	9.30	9.61	10.32
	推力-屈服荷载(kN)	719.42	841.15	976.23	943.12
	推力-延性	6.19	5.43	5.17	3.03
拉力方向，即：朝向一端	拉力-极限位移(mm)	50.57	50.12	42.31	23.10
	拉力-极限荷载(kN)	885.00	989.90	982.68	950.90
	拉力-峰值荷载(kN)	865.00	1039.50	1156.10	1118.70
	拉力-屈服位移(mm)	11.68	12.56	12.30	9.43

试验轴压比		L-Ⅱ-0.3	L-Ⅱ-0.4	L-Ⅱ-0.5	L-Ⅱ-0.5-C
拉力方向，即：朝向一端	拉力-屈服荷载(kN)	666.94	734.08	865.30	953.42
	拉力-延性	4.33	3.99	3.44	2.45

试验结论：

1. 从试验现象分析，预制试件和现浇试件破坏模式不一。3 个预制试件在 8～10mm 加载过程中在边缘构件处首先出现可见水平裂缝，随着加载继续进行向试件表面延伸。在进入屈服阶段以后，两端处裂缝数量增加，且在试件中部墙身表面也出现较多基本上沿对角线呈 X 形走向的可见裂缝。同时在试件屈服以后，两端边缘构件与中部夹心保温层界面出现竖向裂缝，竖向裂缝伴随继续加载逐渐上下贯通。由于存在偏心荷载作用，试件表面裂缝竖向高度上分布区域较广，不同于一般一字平面剪力墙试件。在最终破坏模式上，轴压比为 0.3 和 0.4 的试件表现为一字端最外侧底部连接钢筋发生错断，而轴压比为 0.5 的预制试件表现为一字端底部混凝土弯剪破坏。现浇试件的裂缝开展与预制试件类似，但其极限位移较小，同时破坏模式为中部夹心保温层外叶墙板底部混凝土受剪破坏，钢筋压屈，竖向加载使得一字端底部混凝土严重压碎、纵向受力钢筋屈服。

2. 试验时不同轴压比预制试件的破坏模式不同，其原因需要进一步分析。通过比较预制试件墙身两侧的水平分布应变数据，发现预制试件两侧水平分布钢筋应变存在差异与不同步现象，且与现浇试件水平钢筋应变有一定差异，说明了预制试件受到偏心荷载的影响。又预制试件中部截面较弱，且为单排钢筋连接的 L 形截面，在试验中受到平面外偏心荷载作用时出现平面外变形。通过对比预制试件和现浇试件的平面外变形，发现预制试件平面外变形较现浇试件大，由此说明轴压比为 0.3 和 0.4 的两个预制试件破坏可能与平面外变形有关。其次，轴压比为 0.3 和 0.4 的预制试件，其底部连接部分的坐浆层施工质量不好，封堵砂浆为普通水泥砂浆且侵入试件底部较深。由此在试验过程中，封堵砂浆在往复循环荷载作用下被压碎，导致试件底部局部承压不够，最终造成纵筋缺少支撑及握裹而剪断。而轴压比为 0.5 的预制试件底部封浆层施工质量较好，试验过程中未发现底部有类似于低轴压比试件坐浆层严重破坏的情况；

3. 分析 L-Ⅱ型试件的骨架曲线，可以初步判断出预制试件的延性与耗能能力明显优于现浇试件。提取出的骨架曲线以及相应的特征点表明预制试件的延性与承载力较现浇试件好，并且同工况下预制试件等效刚度略高于现浇试件等效刚度。同时按照现浇混凝土规范验算预制试件与现浇试件的斜截面承载力，结果表明预制试件和现浇试件试验所得变形能力与承载能力均满足规范要求。

4. 预制试件的破坏模式与纵向连接钢筋所使用的套筒及坐浆层施工质量有关。轴压比为 0.3 和 0.4 的预制试件破坏很可能因单排钢筋连接致使平面外刚度及坐浆层对纵筋支撑、握裹力不足导致，轴压比为 0.5 的预制试件则是因为试件一字端底部套筒区域混凝土截面削弱而造成，而套筒连接本身并未出现异常的破坏或者损伤，表明此种套筒连接可靠，但拼缝节点区构造及坐浆材料需要加强。

5. 试验中预制试件的抗震性能指标等能够满足现浇混凝土结构规范的相应要求，并且在同现浇试件进行对比后发现：夹心保温 L 型预制剪力墙在承载力、延性与耗能能力等抗震性能上较现浇试件有一定优势。但是不同轴压比工况下破坏模式不同，有待继续深入研究。

3.7.4　数值仿真分析

利用 ABAQUS 分析软件，建立了试验试件的分离式有限元分析精细模型，其中钢筋、混凝土、灌浆料、套筒等材料均单独建模，并定义相互作用关系。理论分析思路为先对照试验结果校准理论分析模型，在此基础上进行试件参数分析，由此得到更多有关预制夹心保温剪力墙受力变形性能的认知。

1. 理论分析结果和实验结果的比较

图 3.7-10 和图 3.7-11 分别为试验及理论分析滞回曲线和骨架曲线对比，表 3.7-6 为试验/模拟主要结果对比，图 3.7-12 为试件典型加载损伤应力云图，图 3.7-13 为典型试件钢筋连接套筒应力云图。

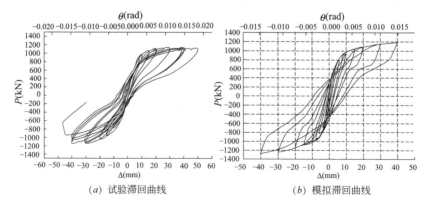

(a) 试验滞回曲线　　　　　　　(b) 模拟滞回曲线

图 3.7.10　L-Ⅱ-0.5 滞回曲线对比

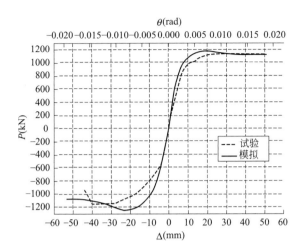

图 3.7-11 L-Ⅱ-0.5 骨架曲线对比

试验/模拟主要结果对比 表 3.7-6

试件编号			L-Ⅱ-0.5	L-Ⅱ-0.4	L-Ⅱ-0.3	L-Ⅱ-0.5-C
屈服点	正向	荷载(kN) 试验值	976.2	841.2	719.4	943.1
		模拟值	1042.4	935.4	843.0	1025.1
		试验/模拟	0.94	0.90	0.85	0.92
		位移(mm) 试验值	9.61	9.30	9.12	11.32
		模拟值	9.04	8.79	8.35	8.51
		试验/模拟	1.06	1.06	1.09	1.33
	负向	荷载(kN) 试验值	865.3	734.08	666.94	953.4
		模拟值	1076.8	1009.8	905.3	1041.0
		试验/模拟	0.80	0.73	0.74	0.92
		位移(mm) 试验值	12.31	12.56	11.68	9.43
		模拟值	11.69	11.37	11.02	10.21
		试验/模拟	1.05	1.10	1.06	1.01
峰值点	正向	荷载(kN) 试验值	1144.8	985.5	858.6	1140.5
		模拟值	1181.4	1093.3	1004.3	1181.8
		试验/模拟	0.97	0.90	0.85	0.97
		位移(mm) 试验值	28.77	39.79	44.9	22.04
		模拟值	19.23	22.21	32.57	20.23

续表

试件编号				L-Ⅱ-0.5	L-Ⅱ-0.4	L-Ⅱ-0.3	L-Ⅱ-0.5-C
峰值点	负向	荷载 (kN)	试验值	1156.1	1039.5	885	1118.7
			模拟值	1246.8	1157.2	1057.1	1226.8
			试验/模拟	0.93	0.90	0.84	0.91
		位移 (mm)	试验值	29.83	40.19	40.86	16.7
			模拟值	22.31	24.10	26.52	22.31
极限点	正向	位移 (mm)	试验值	49.69	50.56	56.44	31.28
			模拟值	36.41	38.97	42.32	34.69
	负向	位移 (mm)	试验值	42.31	50.12	50.57	23.10
			模拟值	32.45	34.42	37.55	27.34
位移延性系数			试验值	3.44	3.99	4.33	2.45
			模拟值	2.77	3.03	3.41	2.68

注：位移延性系数取两个加载方向的较小值。

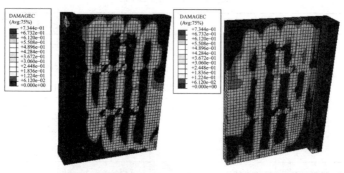

(a) 反向加载U05受压损伤-正面　　(b) 反向加载U05受压损伤-反面

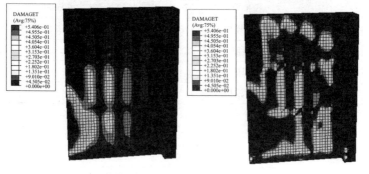

(c) 正向加载U05受拉损伤1　　(d) 正向加载U05受拉损伤2

图 3.7-12　试件典型加载损伤应力云图

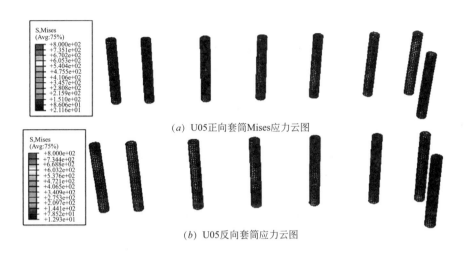

(a) U05正向套筒Mises应力云图

(b) U05反向套筒应力云图

图 3.7-13 典型试件钢筋连接套筒应力云图

2. 参数分析

（1）轴压比

补充轴压比为 0.1、0.2 和 0.6 的情况。图 3.7-14 为不同轴压比下单调加载计算得到的荷载-位移曲线。表 3.7-7 为不同轴压比对应的承载力、位移延性系数计算结果。

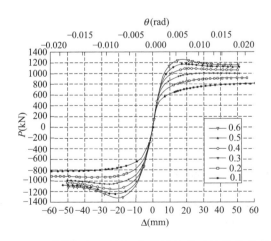

图 3.7-14 不同轴压比下单调加载计算得到的荷载-位移曲线

（2）连接钢筋直径

试验所用连接钢筋直径为 20mm，另补充连接钢筋直径为 14mm、

16mm、18mm、22mm、25mm，轴压比为 0.5 的情况。图 3.7-15 为不同连接钢筋直径下数值计算得到的单调加载荷载-位移曲线。提高连接钢筋的直径，可以增大剪力墙的极限位移，但增大的幅度较小。表 3.7-8 为不同连接钢筋直径对应的承载力和延性系数的关系。

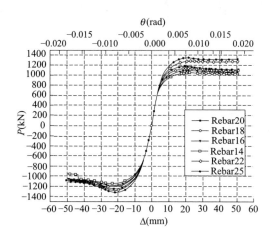

图 3.7-15　不同连接钢筋直径下数据计算得到的单调加载荷载-位移曲线

不同轴压比对应的承载力、位移延性系数计算结果　　　表 3.7-7

试验轴压比	设计轴压比	屈服位移 （mm）	极限位移 （mm）	位移延性 系数	峰值承载力（kN）	
					正向	负向
0.6	0.84	11.93	30.04	2.52	1260.8	1306.6
0.5	0.70	11.69	32.45	2.77	1181.5	1246.8
0.4	0.56	11.37	34.42	3.03	1093.3	1157.2
0.3	0.42	11.02	37.55	3.41	1004.3	1057.1
0.2	0.28	10.47	40.67	3.88	916.8	939.0
0.1	0.14	10.18	42.60	4.18	815.2	828.3

注：位移延性系数取正向和负向计算结果的较小值。

不同连接钢筋直径对应的承载力和位移延性系数的关系　　表 3.7-8

连接钢筋直径	屈服位移（mm）	极限位移（mm）	位移延性系数	峰值承载力（kN）	
				正向	负向
25	11.95	36.93	3.09	1343.4	1316.2
22	11.76	34.04	2.89	1278.4	1273.1

连接钢筋直径	屈服位移(mm)	极限位移(mm)	位移延性系数	峰值承载力(kN)	
				正向	负向
20	11.69	32.45	2.77	1181.5	1246.8
18	11.53	31.56	2.73	1133.8	1205.4
16	11.36	30.15	2.65	1092.9	1173.7
14	11.20	28.90	2.58	1050.1	1137.6

注：位移延性系数取正向和负向计算结果的较小值。

3. 理论分析小结

通过对预制夹心保温剪力墙试验的数值模拟，给出了数值模拟得到的滞回曲线、骨架曲线、损伤分布、刚度退化等结果并和试验结果进行了对比，验证了数值模拟模型的合理性，在此基础上补充进行了轴压比和连接钢筋直径不同对预制装配式夹心保温剪力墙承载力、变形、延性、耗能能力及破坏模式的影响。随着轴压比增大，试件承载力提高，但延性下降；连接钢筋直径增大（等效面积增加），试件承载力及延性相应增加。

3.7.5　结论与建议

通过对预制装配式夹心保温剪力墙及现浇对比试件的低周反复荷载试验和数值仿真分析，可得以下结论和建议：

1. 整个试验过程中，采用套筒灌浆连接的钢筋接头未出现钢筋拔出或套筒本体破坏等现象，进一步验证了所研发的套筒及配套灌浆料可用于实际工程中预制装配构件受力钢筋的连接。

2. 试验研究及数值仿真研究表明，和现浇对比试件比较，墙板竖向受力钢筋采用单排灌浆套筒连接的预制装配夹心保温剪力墙斜截面抗剪承载力略低（5%），但变形能力、延性及耗能能力好于现浇对比试件，同时试验所得承载力也高于根据等效厚度按规范公式计算所得承载力，试件破坏时的极限位移角大于规范限值，由此表明此类预制装配式夹心保温剪力墙结构构件可用于实际工程中。

3. 试验研究及数值仿真研究表明轴压比对采用单排灌浆套筒连接的预制装配夹心保温剪力墙的抗震性能及破坏形态有显著影响，随着轴压比增大，预制装配夹心保温剪力墙承载力提高，但变形能力、延性及耗能能力下降，轴压比较小时其破坏形态表现为试件底角混凝土局部压碎、套筒端部钢筋压曲，轴压比较大时其破坏形态表现为试件底部及墙身混凝土大块剥落，承载力及刚度下降更快，脆性特征更为明显。

4. 试验研究及数值仿真研究表明预制装配式夹心保温剪力墙墙肢端部连接钢筋应力水平明显高于内部连接钢筋，且对试件承载力、变形能力和破坏形态有明显影响，实际工程应用时应注意适当加强并确保接头质量。

5. 试验研究表明预制装配式夹心保温剪力墙灌浆封堵料及坐浆料强度及坐浆质量对试件承载力、变形能力和破坏形态有显著影响，实际工程应用时建议封堵料采用和坐浆料尽量采用同一种材料并确保封堵及坐浆质量，当采用普通水泥砂浆封堵时，应注意控制嵌缝深度，避免过多侵占墙肢有效受力面积。

6. 预制装配式夹心保温剪力墙作为保温结构一体化墙体用于实际工程时，建议严格按规范轴压比限值来设计、控制保温外墙的有效面积，保温材料两侧混凝土墙板不宜太薄，同时适当减小其水平及垂直分布钢筋间距，尽量采用细而密的配筋方式，以限制混凝土的开裂、剥落。

3.8　六面体构件连接节点技术

整体预制卫生间构件为六面体结构，顶部和底部采用 Z 型，外伸钢筋与现场浇筑楼面板的钢筋搭接，浇筑混凝土后使预制卫生间上下面与楼面紧密结合，与主体受力构件一同受力；侧壁采用钢筋搭接灌浆技术进行上下对接安装，使卫生间竖向受力构件与主体竖向受力构件联动受力。竖向节点设计和水平节点设计保证整体预制卫生间与主体受力构件完美结合，从而让产品构件成为整体建筑的一部分。产品采用盒式混凝土结构，卫生间内部水通过水管排出，内侧高，外部低的企口设计使外部水不易进入卫生间内部。整体预制卫生间大样，见图 3.8-1；整体预制卫生间外伸钢筋水平搭接（左）与钢筋竖直灌浆搭接（右），见图 3.8-2。

该部品采用现代工业化技术，标准化设计，批量生产，在工厂内整体预制成型，并集卫生间内部功能部件装修一体化施工，直接运送至施工现场安装，流水线操作，生产快速，安装高效，符合住宅产业低碳、节能发展要求。在香港工业化技术中，逐渐形成一整套品质优良稳定的工业化住宅部品构件。

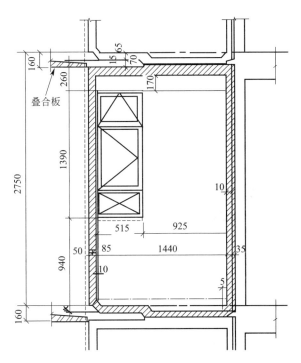

图 3.8-1 整体预制卫生间大样

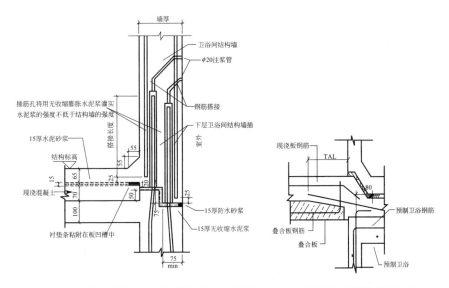

图 3.8-2 整体预制卫生间外伸钢筋水平搭接（右）与钢筋竖直灌浆搭接（左）

3.9　桥梁预制节段控制技术

桥梁预制构件节段控制线形有两种方法：长线法和短线法。长线法是指台座长度与桥梁构件一致，每个阶段单元都在同一台座上预制好，再运走架设，这样可以很容易保证节段的相对尺寸与整体线形。短线法台座比桥梁构件短，相邻节段的配合尺寸容易保证，但整体线形控制要通过计算并严格控制。下面介绍短线法控制箱梁节段技术。

短线法节段箱梁是通过每次调整匹配梁段的空间位置来保证梁体的设计线形，此控制包括两方面：匹配梁段理论安装位置和每次制造误差的补偿修正。假设梁体的设计线形为整体坐标系，即将预制的相邻节段为局部坐标系，这就需要进行一定的坐标转换来确定匹配梁段的理论安装位置，实现坐标转换的基础是梁体节段的六点坐标的计算。预制桥面箱梁节段示意图，见图 3.9-1。

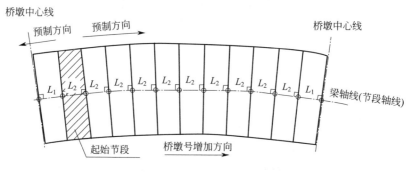

图 3.9-1　预制桥面箱梁节段示意图

梁体节段上 6 个控制点的位置节段的前端面与节段顶面形成一条交线，这条交线与节段轴线的交点定义为 M 点，而与腹板轴线的交点分别定义为 L 点和 R 点。同样也可以在后端面（即相邻节段的前端面）与节段顶面的交线上定义出 M、L、R 点来，为了便于区分，把前端面上的 M、L、R 点记作 FM、FL、FR 点，把后端面上的 M、L、R 点记作 BM、BL、BR 点。这样，FL、FM、FR、BL、BM、BR 点就称为节段的六点，其在整体坐标系中的位置就叫作节段的理论六点坐标。由于上述六点都处于交线上，在节段预制过程中的实际测量时无法设置测点，也就无法通过测量这 6 个点来控制梁体线形，所以上述六点坐标又叫作理论六点坐标。将该坐标输入空间定位程序（如 GCP 软件），先进行局部坐标转换成桥梁设计所采用的整体坐标，然后将此整体坐标转换成实际生产的局部坐标，从而实现桥梁节段为预制单元。预制梁单元 6 个控制点的位置，见图 3.9-2。

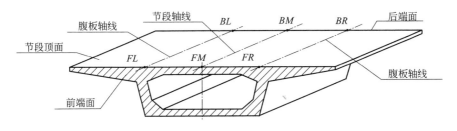

图 3.9-2 预制梁单元 6 个控制点的位置

3.10 预制构件临时安装技术

预制构件拆模，起吊、安装阶段离不开临时吊运支撑装置，主要有吊钩、吊梁、角钢、"U 形头"、七字码、斜撑杆等。如何保证该系列装置正常工作，是临时设计主要任务。

吊钩承载力常见有 2.5t 以及 5.0t 两种，根据预制构件形心以及重量，确定吊钩的数量和位置。吊梁的承载力与起吊的角度以及吊点焊缝强度、开孔抗剪能力相关，设计时需验算吊梁自身承载力是否满足最大预制构件重量。吊钩与吊梁大样，见图 3.10-1。

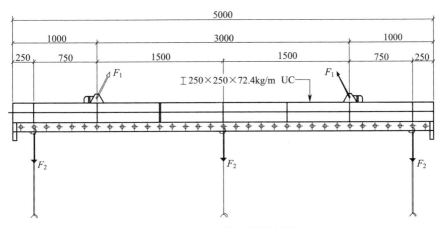

图 3.10-1 吊钩与吊梁大样

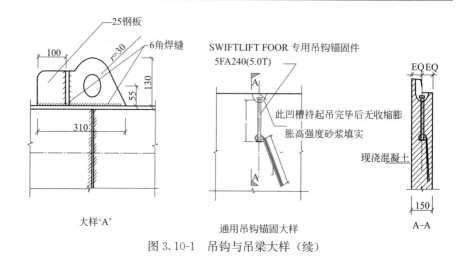

图 3.10-1 吊钩与吊梁大样 (续)

　　预制梁、板、柱、外墙板安装时,需通过临时支撑装置固定。当施工现浇结构时,施工活载对预制构件作用易发生侧移,当侧移距离或角度超过精度要求时将影响建筑的品质。精确的计算时装置的数量以及位置是保证精度要求的唯一途径。

　　设计时,斜撑需验算管桩的轴力以及上下连接点的栓锚钉的抗剪能力、抗拔能力;当场地受限时,也需考虑斜撑的角度以及长度。七字码受力验算与栓锚钉的类似,额外还需验算槽铁的焊缝抗剪能力。根据竖向受力构件(柱,墙等)的形状,确定斜撑与七字码的位置,受力大小确定其数量。角钢及"U 形头"支撑水平受力构件(梁,板等),验算主要计算构件竖向荷载。斜撑杆(左)与七字码大样(右),见图 3.10-2;角钢(左)与"U 形头"(右),见图 3.10-3。

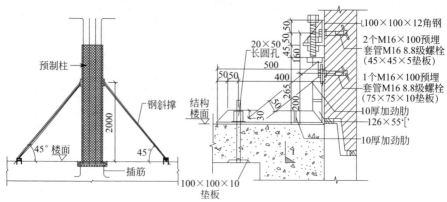

图 3.10-2 斜撑杆(左)与七字码大样(右)

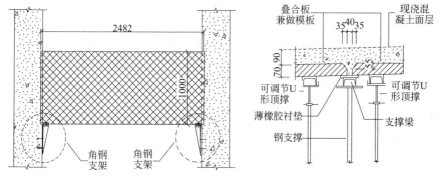

图 3.10-3　角钢（左）与"U 形头"（右）

　　中国香港建筑工业化设计体系，一般设计包含永久设计和临时支撑设计两大类，贯穿预制构件生产、吊运、安装各个阶段的精细验算。我国内地建筑工业化近几年发展迅速，但技术体系不够完善，尤其是临时起吊，支撑几乎是靠经验操作，没有形成一整套成熟的设计思路。中国香港建筑工业化结构体系成套技术为我们普及建筑工业化道路奠定了技术基础。

第4章 工厂化生产技术

工厂化生产技术是指应用系统工程的思想和方法，集中配置人力、物力、投资、组织等要素，以现代科学技术、信息技术和管理手段，高度集中的流水线施工和作业，使成本大大降低和投资者的效益最大化，能够在人工创造的环境中进行全过程的连续作业，从而摆脱自然界的制约。建筑业工厂化是指以大工业生产的方式建造工业和民用建筑，通过建筑产品模块化和部品化，借助自动控制系统和机械操作，使建筑业从分散、落后的手工业生产方式逐步过渡到以现代技术为基础的大工业生产方式。这种新型的工业化建筑施工组织方式，相比较于传统的工地现场生产模式，在保证施工质量、提高生产效率、改善劳动条件、降低作业人员要求、控制工程成本、落实环境保护等方面优势十分明显，它是对传统半手工半机械建造方式一次革命性的变革和创新。本章将详细介绍几种采用工厂化生产技术生产的建筑制品。

4.1 整体预制卫生间制作及质量控制技术

整体预制卫生间作为六面体构件，其生产制作过程比普通构件更加复杂，质量控制难度大，通过技术攻关，借助香港启德 1A 公屋项目和香港水泉澳三、四期公屋项目形成了生产整体预制卫生间的生产方案。启德 1A 项目卫生间生产方案（方案一），见图 4.1-1。

香港启德 1A 公屋项目整体预制卫生间产品设计在探索研究的过程中形成了设计方案一。方案一中，墙身混凝土分两次（底＋墙身，墙身＋顶）浇筑，且在浇筑产品底面与墙身混凝土时，混凝土易从内胆底部冒出并超过底面厚度尺寸，产品垂直度误差大，墙面厚度不一致且易扭曲变形，平整度差，修补成本高，产品质量难以得到保证。

方案一的生产过程中需要安装两个内胆，由 32 块形状相似部分组成，模具外板均为活动板，所以在拼装模具时不仅工序复杂，生产效率相对较低，且安全性差。为了改善以上问题，通过技术攻关，在方案一的基础上改进后成了香港水泉澳三、四期公屋项目设计方案（方案二）。

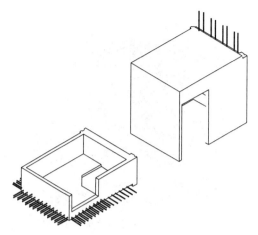

图 4.1-1 启德 1A 项目卫生间生产方案（方案一）

方案二中，墙身混凝土一次（底＋墙身，顶）浇筑成型，墙面不易扭曲变形，平整度好。在浇筑产品底面与墙身混凝土时，先浇筑底面，待混凝土达到初凝后再浇筑墙身，产品外观质量更好。

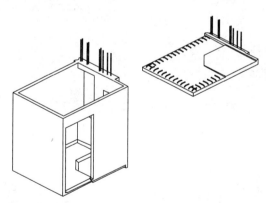

图 4.1-2 水泉澳卫生间生产方案（方案二）

方案二（图 4.1-2）的生产仅需安装一个内胆，且内胆设计为大小不一的四块，拆卸方便并可吊运。模具外板由两块相邻固定板和两块相邻的推拉板组成，人工操作安全简便，生产效率高。在模具外板与内胆之间加入防扭曲支撑装置，使得产品垂直度得到有效保证，墙身厚度一致，墙面平整度好，产品质量显著提升。整体预制卫生间模具外板，见图 4.1-3。

卫生间模具旁板设计为两个相邻的固定块和两个可推拉的活动块，内胆设计为大小不一的四块，内胆与外板间加入防扭曲装置。整体预制

图 4.1-3 整体预制卫生间模具外板

卫生间外模板，见图 4.1-4，整体预制卫生间内胆，见图 4.1-5。

图 4.1-4 整体预制卫生间外模板

图 4.1-5 整体预制卫生间内胆

该模具具有以下特点：

（1）模具外旁板及内胆均由一个整体组成，拆装模具过程简单，生产效率高，人工成本有效降低。

（2）模具旁板设计为两个相邻的固定块和两个可推拉的活动块，活动块用螺丝固定在固定块上，产品垂直度好。

（3）模具内胆设计为大小不一的四块，其中最小模块设计为上大下小的角边形状，此设计方便脱模，避免了脱模时因内旁板与混凝土间的吸附力大而难拆模等问题，生产效率有所提升；且内胆组成部分少，拼接口位少，墙面平整度好，墙身预埋件定位准确，窗框及门框部位不易变形，产品外观质量好。

（4）为防止浇筑墙身混凝土时产品扭曲变形而开裂，在模具外板与内胆之间设置了防扭曲支撑架，产品垂直度得到了有效保证。

（5）防扭曲支撑架是通过螺丝连接卫生间模具外模板和模具内胆的一种防扭曲变形固定装置，由于模具外模板的两块旁板是相邻固定的，以固定旁板为基准，模具另外两推拉旁板通过螺栓固定在固定旁板上，然后将内胆与防扭曲支撑架安装固定后整体吊至模具外板内，防扭曲支撑架与模具外板通过螺丝连接，这样整个卫生间便成为一个固定的整体。最后在模具内胆与外板之间安装穿墙螺栓，每面墙安装四个穿墙螺栓，通过固定穿墙螺栓的长度以保证浇筑的墙体厚度一致，进一步保证卫生间墙身的垂直度，如图4.1-6。

（6）模具内胆顶部为由一整块组成，在拆模时操作简单，安全性好。

（7）钢筋绑扎从狭窄的模具内改为在室外钢筋绑扎架上绑扎，钢筋绑扎架是按照产品模具图纸尺寸1∶1设计而成，因空间开阔所以操作更加方便，绑扎速度快。钢筋笼可以在卫生间生产前绑扎好，产品模具装模完成后，可将绑扎好的钢筋笼直接吊入模具内，生产效率显著提升。

该设计方案仅需做一个底台，安装一个内胆，内胆拆卸方便并可吊运。模具外板相邻两侧边是固定板，另外两块外板为推拉板，人工操作安全简便，生产效率高，安全性好，人工成本低。整体预制卫生间产品质量除了在生产过程中需要保证产品有精确的垂直度，还应确保产品在起吊、存放和运输到地盘全过程不发生蹦边、棱角缺失等质量问题。为此，一方面通过对原材料、模具进行源头严格控制；另一方面，施工人员也需经过技术培训，规范操作。除此之外，应用防扭曲起吊装置、防变形运输存放装置等一系列措施，均为整体预制卫生间产品质量控制提供技术保障。

图 4.1-6　防扭曲支撑架（左）与穿墙螺栓（右）

　　该技术成功解决了预制卫生间墙身厚度不一致，墙面平整度、垂直度差，产品拆模困难、卫生间漏水等技术难题。

4.2　GRC 复合预制外墙制作及表面处理技术

　　GRC 是现代建筑常用的装饰材料，为解决传统后挂 GRC 装饰层易开裂、易脱落、高空作业带来的安全隐患等行业技术难题，采用 GRC 材料与预制外墙复合而成，集外墙围护与装修一次成型，质量更优，外观更美，经济性更良。GRC 复合预制百叶窗，见图 4.2-1。

图 4.2-1　GRC 复合预制百叶窗

GRC产品的制作对模具要求较高，模具好坏将直接影响产品的外观效果和质量。另一方面，为满足形式多样的产品要求，模具需根据产品的质量要求、形状复杂程度、表面要求效果以及生产成本等因素进行选择，常用的为木模、钢模、硅胶模等。因钢模具的刚度大、不易变形、使用周转次数多、拆模、装模方便，产品表面平整、光滑且精度高，选择为主要模具，当形状奇特时，可用硅胶模做墙面造型。

4.2.1 GRC材料制作

GRC材料实质是以混凝土为基体，加入耐碱玻璃纤维作为增强结构材料而形成的复合材料，它弥补了普通混凝土材料不抗拉、不抗剪的缺点，主要组成部分有耐碱玻璃纤维、水泥、砂、水，有时还可能会加入一些外加剂（如：减水剂、早强剂、防冻剂、防锈剂等）及其他特殊效果物料（如：闪光效果的云母粉、各种色粉等）。在不同的应用领域、不同的施工环境中，GRC各材料组分的配比也不尽相同。面层材料配方（以水泥含量为基准），见表4.2-1。GRC结构层材料配方（以水泥含量为基准），见表4.2-2。

面层材料配方（以水泥含量为基准）　　　　　　　　　表 4.2-1

序号	材料	数量	单位	作用
1	进口白象牌白水泥(42.5MPa)	25	kg	凝固剂
2	80目石英砂	20	kg	骨料
3	高岭土	1.625	kg	增加密度强度，防老化，减少开裂
4	钛白粉	1.25	kg	增加白净度
5	40～60目云母片	400	g	表面闪烁效果材料
6	胶浆(Polymer MC76丙烯酸乳液)	2	kg	养护，保水作用，防开裂
7	减水剂(Sikament NN)	250	ml	减少用水，降低水灰比
8	水	10	kg	混合剂
9	60目石英砂	10	kg	骨料

结构层材料配方（以水泥含量为基准）　　　　　　　　表 4.2-2

序号	材料	数量	单位	作用
1	进口白象牌白水泥	25	kg	凝固剂
2	6号硅砂	30	kg	骨料
3	日本耐碱纤维	2.25	kg	纤维材料，增加强度
4	高岭土	16	kg	增加密度、强度，减少开裂的材料

序号	材料	数量	单位	作用
5	胶浆	2	kg	保水作用,防开裂
6	减水剂	200～300	ml	减少用水,降低水灰比
7	水	10	kg	混合剂

1. GRC 面层制作

（1）GRC 面层料搅拌

GRC 面层质量的好坏，直接影响到 GRC 表面的美观；而 GRC 面层料搅拌均匀与否则直接决定面层的色泽度与光滑程度。因此，研究采用功率要求 4～5.5kW，最大转数为 960～1400rpm（r/min）的高速搅拌机将面层料搅拌均匀，并依照表 4.2-1 面层料的配比，按下述步骤将 GRC 面层料搅拌均匀。

1）将称好的水加入到搅拌桶中，然后再将计量准确的高岭土、钛白粉、云母片、胶浆加入到水中，水泥和砂加入总量的 2/3，开机搅拌 30s，使其与水充分的混合均匀。

2）在搅拌机开机的状态下，加入事先计量好的减水剂总量的 2/5 左右，搅拌约 1min，再将剩下的 1/3 水泥和砂加入到搅拌桶中搅拌。面层料的搅拌，见图 4.2-2。

图 4.2-2　面层料的搅拌

3）在搅拌过程中再加入剩下减水剂的一半。根据料浆的流动度来添加剩下的减水剂，确保搅拌过程的顺利进行，并使得料浆的坍落度控制在要求的范围内。浆料坍落度测试，见图4.2-3。

4）在搅拌结束后需要立即对料浆做坍落度测试，面层坍落度一般控制在145～185mm较合适，决不可超过185mm。

5）如果料浆在搅拌桶内呈现假凝现象，则可适当加入少量的减水剂再搅拌均匀。搅拌人员需要以最短的时间将所有原料搅拌均匀，并在最短的时间内用完料浆。

图4.2-3 浆料坍落度测试

（2）GRC面层料喷射

由于GRC面层料的坍落度很大，流动性高，应采用喷射机均匀地喷在模具上，控制好喷射压力和喷射厚度，确保GRC面层的颜色均一，平整光滑。具体操作如下：

1）在喷射作业前，要先对模具的阴角位进行面浆处理；喷射作业时要控制好喷枪的气压和浆料的流速。

2）将搅拌好的面层材料加入到螺杆喷射车内，使用面层枪进行喷制，面层的喷射厚度约为2～3mm，须分两次进行喷射，第一次喷射的厚度为1～2mm左右。喷射时要求从模具的边缘和底部开始喷射，喷射时枪头离模具的距离不能超过500mm，注意把握连续喷浆的时间和表面浆的干燥程度，否则会导致滑浆现象。注意控制面浆的厚度，切不可过厚，不够的地方可进行补喷。

喷涂GRC表面层见图4.2-4。

图 4.2-4 喷涂 GRC 表面层

3）在面料喷射完之后，面浆层需用毛刷将其轻刷一次，以减少表面气孔的产生，同时也要用毛刷和灰刀将模具的边缘和阴角位轻刷处理，以防止积砂和出现空鼓。对于没有喷涂到位或者漏喷的地方要适量进行处理。尤其滴水线部位需要特别注意，一定要刷到位，不能有空鼓、积砂的现象出现。特别是所有的阴、阳角位和高立面位，一定要处理好，不得有漏浆和处理不到位的现象。

4）处理完成后进行凉浆，凉浆时间要根据自然环境温度进行确定。凉浆时间以用手触摸感觉料浆有黏手感但不粘手指时为宜，开始喷射结构料。

5）在喷射第一层面浆时，如果出现浆料过干、喷枪雾化效果不好，以及喷射不均匀时，需要重新处理浆料后方可进行喷射作业。二层面浆喷射完成后须进行面浆的厚度测试，如没有达到厚度的须进行补喷，补喷的厚度每次应控制在 0.5mm 范围内，切不可超厚。

2. GRC 结构层制作

GRC 结构料配方不同于面层料，其直接与混凝土接触，对结构料与混凝土之间的结合和粘接有很大的影响。若结构层材料不能和混凝土材料很好融合，在外界环境变化下将会导致 GRC 层材料与混凝土层之间出现分层开裂、甚至脱落的现象。因此，为保证 GRC 材料与混凝土之间实现牢固的粘接，必须先将 GRC 结构料搅拌均匀，然后对 GRC 结构层料进行分层喷射，确保结构层和混凝土层之间粘接牢固，结合紧密。

（1）GRC 结构料搅拌

首先将所有原材料按上述表 4.2-2 结构层材料的配比称好，然后将称量好的水加入到搅拌桶中，同时也将胶浆加入到装有计量好的搅拌桶中，然后开机搅拌 10min，再将 2/3 的水泥及 2/3 的砂子加入到搅拌桶中搅拌 45s，此过程中须加计量准确的减水剂，再将剩下的 1/3 的水泥和砂子加入到搅拌桶中，在搅拌的过程中根据浆料的流动度来适当地添加减水剂，确保搅拌过程的顺利进行，并使得浆料的坍落度控制在要求范围内，根据气温的变化可以适当地调节减水剂掺量使浆料的流动度达到相应的要求。在搅拌的过程中需要对浆料做坍落度测试，一般控制在 145～185mm 较为合适。

如果浆料在搅拌桶内出现假凝现象，则再搅拌 30s。搅拌人员需要在最短的时间内将全部原料搅拌均匀，并且枪手在正常情况下需要在 45min 内将料喷完。结构层料的搅拌，见图 4.2-5。

图 4.2-5　结构层料的搅拌

（2）GRC 结构料喷射

结构层分次进行喷射，每次厚度为 3～6mm，但第一层结构料须与面料一样效果颜色的。结构料的喷射方法是采用纵横交错的方法，这种方法更能使结构层纤维喷洒均匀，同时应注意的是：

1）结构料的喷射时，当第一层有色结构料喷射完成后须进行凉浆，凉浆时间以用手触摸料浆表面不粘手，但能按出手印为宜。以后的结构料喷射则不需凉浆，但也切不可一次太厚成型。

2）对于带有大立面的模具，喷制完成的立面部分，表面有了初步固化，用手指轻压，能见到有手指印但面浆不会粘在手指上为宜，这样可确保在喷射结构层时不会带动立面部分浆料下滑，同时也不会由于面层已经完全固化造成面层与结构层分层，这时候开始制作结构层。结构层料的喷射与滚压，见图 4.2-6。

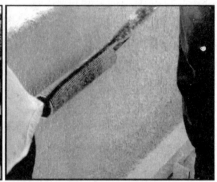

图 4.2-6　结构层料的喷射与滚压

3）每喷射完成一层结构料后，需要进行滚筒滚压，然后才能进行下一层的喷射。在第一层结构料喷射完成后，要使用小滚压碾进行碾压，并且注意控制碾压的力度（尤其是对于立面部分，只能允许向上碾压），不能力度过重，以免影响面层效果（穿底），也不能太小，而导致结构料与面料密实度不好。待第一层结构料有了初步固化之后再进行下一层结构料喷射。

4）注意产品拐角处不要形成空鼓，对于模具的阳角即产品的阴角处，碾压时一定要从下往上进行碾压，把握好力度。在喷射最后一层结构料的时候，要用测厚尺检查产品的厚度，厚度不够的地方要进行补喷，然后按要求碾压滚花。

4.2.2　生产流程

GRC 产品的制作对模具要求较高，模具好坏将直接影响产品的外观效果和质量。另一方面，为满足形式多样的产品要求，模具需根据产品的质量要求、形状复杂程度、表面要求效果以及生产成本等因素进行选择，常用的为木模、钢模、硅胶模等。因钢模的刚度大、不易变形、使用周转次数多、拆模、装模方便，产品表面平整、光滑且精度高，选择为主要模具，当形状奇特时，可用硅胶模做墙面造型。预制百叶窗模具，见图 4.2-7；预制花纹板模具，见图 4.2-8。

生产前首先需要在模具表面批刮原子灰，确保 GRC 构件产品的精度。对于钢模具，由于制作的精度不同，使用时，有可能在模具的连接

图 4.2-7　预制百叶窗模具

图 4.2-8　预制花纹板模具

处产生缝隙和误差，模具的焊点，也会产生误差，模具本身的质量会严重影响到 GRC 质量，均需要对模具进行修补处理，修补的方法是用原子灰在接缝处满刮，待原子灰干透后，用气磨机或电动打磨机进行打磨，经过平整度的检查合格（1mm）后，用风管吹干净模具上的灰尘，再在其面上喷一层薄薄的油漆，但切不可高出模具的整体平面，否则将会影响到整个产品的表面效果（图 4.2-9）。

　　之后对模具表面进行验收检查，主要检查内容包括：平整度，平滑度，油漆是否起皮、起皱，是否喷涂到位、表面是否带灰尘等。如发现问题要及时加以处理，所有投入使用的模具，都必须经过 QC 人员的检验，确认合格后方能投入使用。接着涂脱模油，将模具表面喷上脱模剂EX，然后用干净的碎布擦拭干净，尤其是模具低洼的部位，一定要擦拭

图 4.2-9　模具表面刮原子灰

仔细，不允许有脱模剂积存的现象。模具表面检查（左）与涂脱模油
（右），见图 4.2-10。

图 4.2-10　模具表面检查（左）与涂脱模油（右）

生产流程见图 4.2-11。

主要步骤如下：

1. 放置钢筋笼等配件及合模

待 GRC 层初步凝固（约 5h）后，便可开始制作传统预制混凝土外
墙。于 GRC 层上面放置钢筋笼等配件并开始装模，检查合格方可准备浇
筑混凝土。安装钢筋笼及合模，见图 4.2-12。

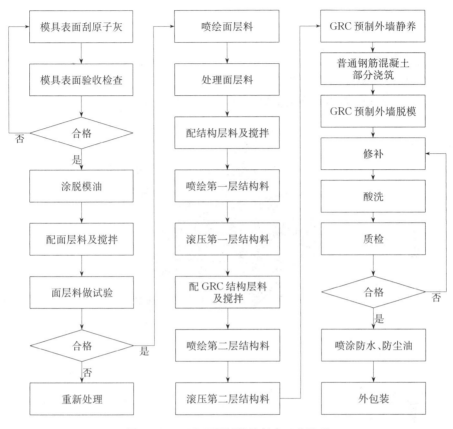

图 4.2-11 GRC 预制外墙复合工艺流程

图 4.2-12 安装钢筋笼及合模

2. 浇筑混凝土

准备落混凝土材料之前，在GRC结构层上均匀喷射一层粘结性能较好的胶浆材料，使之GRC装饰层与混混凝土层更加紧密结合，进而形成GRC复合预制外墙，振动混凝土时振动棒与GRC装饰层应保持有效距离，防止GRC损伤。浇筑混凝土见图4.2-13。

图4.2-13　浇筑混凝土

3. 脱模与养护

GRC制品脱模没有固定的脱模方式，主要根据产品和模具的具体情况采取相应的脱模方法，如遇造型复杂，比较难脱模产品的时候，必须先将所有模具活动块拆完后，再将产品先适当从死位吊起，然后用橡皮锤敲打模具边缘，再进行另一边产品脱模，之后同时将产品两边吊起，使得产品能够平衡脱离模具，绝不允许强行脱模，造成产品或模具的损坏。GRC预制外墙脱模，见图4.2-14。

图4.2-14　GRC预制外墙脱模

养护对混凝土制品的质量影响很大，如对混凝土材料的成长特性不了解，忽视养护的重要性，将出现裂缝、强度不足、耐久性下降等质量问题，严重的造成工程质量的不合格。根据GRC预制构件产品的特点，选用自然养护与蒸汽养护相结合的养护方式。

早期养护采用自然养护，自然养护是指在自然气温条件下（平均气温高于5℃），用适当的材料对混凝土表面进行覆盖、浇水、挡风、保温等养护措施，使混凝土的水泥水化作用在所需的适当温度和湿度条件下顺利进行。采用不透水、气的薄膜布（如塑料薄膜布）养护，即用薄膜布把混凝土表面暴露的部分全部严密地覆盖起来，保证混凝土在不失水的情况下得到充足的养护。这种养护方法的优点是不必浇水，操作方便，能重复使用，并提高混凝土的早期强度，加速模具的周转。

4.2.3 GRC防开裂防脱落技术

GRC产品使用后期，部分产品出现色泽不均匀，GRC层开裂，GRC层与混凝土层脱离等问题，严重影响GRC产品外观效果。通过模拟四季气候变化研究发现，问题主要由于材料配比（特别是水泥/砂比）不合理而导致两种材料干缩率差别较大。环境模拟箱示意图，见图4.2-15。

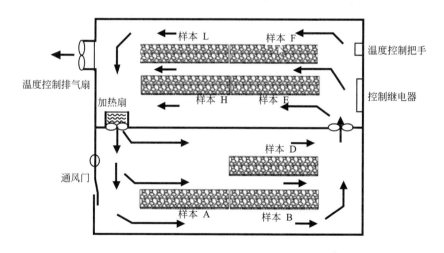

图4.2-15 环境模拟箱示意图

通过对比混凝土、水泥净浆、1∶3水泥砂浆（水泥∶砂）在相同湿度条件下的干缩率，可见混凝土与1∶3水泥砂浆的干缩率相近。水泥净浆、1∶3砂浆、混凝土在50%湿度条件下干缩比较，见图4.2-16。

基于试验研究成果，解决方案如下：

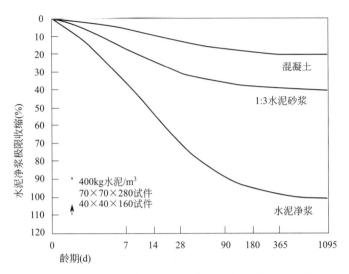

图 4.2-16　水泥净浆、1：3 砂浆、混凝土在 50％湿度
条件下干缩比较

（1）调整面层 GRC 材料配合比，水泥与砂的比例应调整为 1：3，使 GRC 与混凝土的干缩率接近，减少由干缩引起的开裂。

（2）面层配方中适量掺入"陶瓷微珠"，可有效补充由于水汽蒸发和水泥水化而减少的水分，从而有效减少开裂问题的发生。

（3）改善生产工艺，撒些短纤维增加 GRC 砂浆面层的抗拉及抗压强度，减少因受力而产生的开裂。

（4）采用"固定耳"、"玻璃纤维网"和"纱网"等方式以改善 GRC 面层与结构层材料的粘结力。

通过不断进行实验室试验及现场测试，探索出一系列改善产品生产以及后期维护措施，保证了 GRC 表面光滑度，满足 GRC 构件产品的精度要求，获得业主高度评价。

4.3　预制夹心保温外墙施工技术

4.3.1　工艺流程

预制夹心保温墙板断面示意图，见图 4.3-1。

为确保保温连接件的安全及使用，按以下步骤、方法及注意事项安装保温连接件。

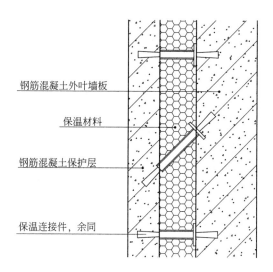

钢筋混凝土外叶墙板

保温材料

钢筋混凝土保护层

保温连接件，余同

图 4.3-1 预制夹心保温墙板断面示意图

1. 预备浇注表面

清理浇注混凝土模具表面，有反打饰面时根据设计安放反打饰面材料。无饰面时根据脱模剂厂家要求涂抹脱模剂，在合适的支架上安装钢筋或焊接钢丝网，此时应注意不要影响抹好的脱模剂，然后再次清理模具表面。

2. 外叶板混凝土准备及浇筑

外叶墙板混凝土厚度应满足以下条件：

1）满足钢筋保护层厚度要求；

2）应满足保温连接件锚固要求；

3）当作为 PCF 板使用时，板厚及配筋应由各施工工况荷载及其组合值计算确定；

4）外叶墙板有效厚度不宜小于 60mm（不包括外表面纹理、凹槽等）。

外叶板混凝土性能要求：

1）强度等级不宜小于 C30，并满足施工各工况荷载及其组合作用验算要求；

2）混凝土坍落度应处于 130～180mm 之间；

如果混凝土坍落度过低，混凝土会在保温连接件穿过保温层时形成孔洞，同时混凝土也很难在连接件末端回流，即使混凝土在浇注后振平，仍可能无法让所有连接件都达到锚固要求。

在高温环境下，混凝土坍落度过低会造成更大问题，此时混凝土会很快达到初凝，导致连接件插入时操作时间不够而失去锚固效果。故混凝土配比设计时，应考虑振动前所需合理操作时间。

3）混凝土粗骨料粒径应小于 20mm。

浇注混凝土时，根据需要振捣混凝土。当使用棍状振动棒时，请注意不要碰触外叶墙板的饰面材料，振动密实后将表面收平。

3. 安装保温层

外叶墙板混凝土内表面收平后立即从墙板一端向另一端按顺序依次摆放保温材料，摆放时应防止混凝土溅入保温材料之间的空隙，且注意控制保温材料之间拼缝不要出现空隙，由此避免混凝土贯通而形成"冷热桥"，影响保温效果。

4. 安装连接件

保温层安装完成后立即在预先钻好的孔位内插入连接件，直到塑料套圈紧密顶到保温板表面，插入后将每个连接件拧转 90°，并用脚踩踏连接件周围保温板来加强连接件末端的锚固效果。保温层较厚时（大于 75mm），应使用混凝土平板震动器或者气动震动器在保温板上表面对每一个连接件进行震动。

保温连接件插入深度应满足设计要求，有效锚固长度不应小于 30mm，插入后保温连接件末端离外叶板外侧距离不宜小于 20mm。

插入时保温材料应预先开孔，且应确保保温材料颗粒碎屑不随连接件端部进入外叶板混凝土内或积聚在连接件锚固端周围，以免影响锚固效果。

墙体中连接件宜采用矩形或梅花形布置，连接件间距一般宜为 300mm。当有可靠计算依据时，也可以采用其他长度间距。

5. 连接件锚固效果检查

临时拔出每块保温板拐角处以及中间部位的连接件，检查有效插入深度，湿水泥浆应覆盖所有被检查连接件端部整个表面。如检查满足要求，将连接器插回原孔并再次施加局部压力或机械振动；如检查不满足要求，在保温板上施加更大压力或在每个连接件上加强振捣力度；对于插入深度不满足要求的连接件，应抽检其周围连接件的插入情况，并根据检查结果按上述步骤处理，直到其满足要求为止。

6. 保温板之间缝隙和空隙检查、填补

在浇筑内叶板混凝土之前，检查保温板之间的缝隙及空隙，对于宽度大于 3mm 的缝隙和空隙，按要求注入发泡聚氨酯。

7. 内叶墙板混凝土施工

连续浇筑内叶墙板混凝土：当采用连续方式浇筑内叶墙板混凝土（8h 内浇筑完成内叶和外叶墙板混凝土，不推荐）时，必须控制好施工时间和外叶墙板混凝土的初凝时间，应在下层墙板（外叶板）混凝土初凝之前安装上层墙板（内叶墙板）钢筋、起吊装置和其他埋件并浇注混凝土。外叶墙板混凝土初凝后，应避免工人接触连接器和保温材料。

当采用非连续方式浇筑内叶墙板混凝土时，外叶墙板混凝土至少达到设计强度的 30％（根据同条件养护试块强度判断）后方能开始内叶墙板的施工，内叶墙板预埋件及钢筋网片等的安放宜避开保温连接件。

8. 墙板完成

脱模，剔除夹心墙板边缘及表面混凝土渣，以最大程度减小冷热桥效应，随后将墙板运指定位置，若使用了保护剂，应在立板时注意不要破坏。

建议模板和模具一起翻身后起吊构件，如采用平吊方式出模，应先顶推构件使之与模具脱离，由此避免构件与模具之间产生过大的吸附力而造成外保护层损坏。

墙板制作过程中应避免淋雨，否则模板内多余水分会导致保温板漂浮，降低混凝土强度，并影响连接件锚固效果。

保温连接件表面有玻璃纤维，施工时注意保护手和眼睛，施工时建议戴手套，并避免直接接触眼睛。预制夹心保温外墙构造示意图，见图4.3-2。

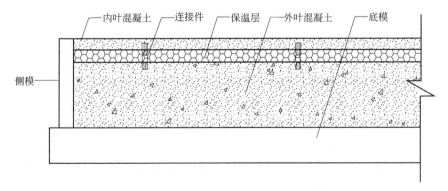

图 4.3-2 预制夹心保温外墙构造示意图

其生产工艺流程如图 4.3-3。

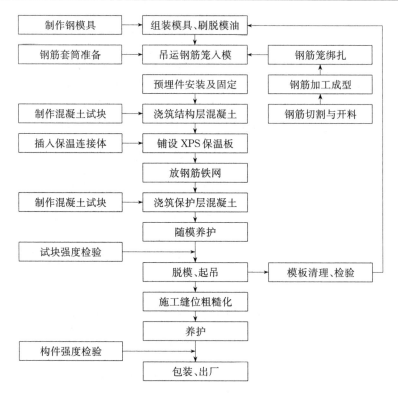

图 4.3-3　预制装配式钢筋混凝土夹心保温墙体制作工艺流程图

4.3.2　质量控制

为保证预制夹心保温外墙生产质量，原材料的检查尤其重要，具体检查包括：

（1）混凝土、钢筋和钢材检验：按照要求抽样检测力学性能指标和耐久性性能，检测结果应符合国家标准《混凝土结构设计规范》GB 50010 和《钢结构设计规范》GB 50017 的规定。

（2）钢筋套筒检验：钢筋套筒进厂时，抽取钢筋套筒检验外观质量和尺寸，对不同钢筋生产企业的进厂钢筋进行接头工艺检验；另外，抽取灌浆套筒采用与之匹配的灌浆料，模拟施工条件进行抗拉强度检验。

（3）保温板检验：检测装配式钢筋混凝土夹心保温墙体中的挤塑板的导热系数、体积比吸水率，检测其燃烧性能是否符合《建筑材料及制品燃烧性能分级》GB 8624—2012 中 B2 级要求。

（4）预制装配式钢筋混凝土夹心保温墙体连接件检验：连接件到厂后，检测连接件与混凝土的锚固力和变形能力是否符合设计要求及耐久性要求。

4.4 大跨度高架桥梁预制构件生产测控技术

桥梁构件受力复杂，大跨度桥梁预制构件微小的误差将可能累积为致命的工程事故，故该类构件生产关键在于精度控制极为严格。生产过程中的误差可分为两种：位移误差和角度误差，为达到高精度要求，通过测控技术控制桥梁预制构件轴线偏差 2mm 以内，高于 4mm 精度要求。该技术成功应用于世界上最长的双塔斜索拉桥之一——香港昂船洲大桥项目，该项目 70m 高桥墩累积垂直误差要求 10mm 以内。预制桥墩、箱梁、护栏产品，见图 4.4-1。

图 4.4-1 预制桥墩、箱梁、护栏产品

4.4.1 "长线法"生产预制桥墩技术

该技术是指预制桥墩是在一个长线形的底台上进行生产的，每段桥墩在底台上预制生产的位置与桥墩在安装现场安装好后的位置是完全对应一致的。桥墩在底台上一段接一段地匹配预制，即前一段预制桥墩的端面是下一段桥墩的端模，前一段预制桥墩生产时出现的误差可以通过下一段桥墩及时得到调整，有效地解决了单块生产带来的测量、模具、工艺等外部因素多带来的误差，从根本上消除了累计误差。

为减小台座可能出现的不均匀沉降对预制梁线型的影响，对台座进行地基加固和板块间设置沉降缝，并且随时对地基作连续沉降观测，并对沉降做回归分析。

为减少累计误差，设置远程固定测量基准站，以保证每块预制桥墩叠加时不出现累计误差。保证 60～70m 高的垂直误差小于 10mm。

精度控制：

（1）两旁侧模初步固定后，测量人员对侧模的垂直度（±2mm）及底台上的尺寸位置（±3mm）进行测量，测量完毕后就把侧模上的花篮撑杆及底台与侧模底部的螺杆锁紧牢固。

（2）侧模钢筋笼封口板，内模安装好后就安装模具上方的三条方通撑杆及 4 条 ϕ20 吊位管（上下各 2 条）安装吊位管时测好尺寸（±2mm），安装完毕后就进行各位置的加固工作。

其施工工艺流程如图 4.4-2。

4.4.2 "短线法"生产预制桥面箱梁测控技术

相邻两片节段箱梁的匹配关系是唯一且位置固定的，如果某件箱梁生产过程质量不符合要求，该桥梁线型都会被破坏且难以恢复，因此产品的合格率需达到 100%。该技术在预制工厂内设置梁段预制台座，然后将箱梁划分成若干短节段，进行空间坐标系转换后，依次在台座上固定的定型模板内浇筑完成。浇筑时，待浇梁段的两侧设相对固定的侧模（只侧向开合而不移动），前端设固定端模，而另一端则为已浇好的前一箱梁段（简称匹配梁）前端面，通过调整匹配箱梁的相对位置来控制待浇箱梁段的线形，并以两者之间形成的匹配接缝来确保相邻块体拼接精度（墩顶块浇筑时前端为固定端模，后端为活动端模），当新浇箱梁段达到 25MPa 以上强度后，先将匹配梁移走存放，再把新浇梁段移到匹配位置上，如此循环，完成 1/2 "T" 形单元（另 1/2 "T" 形单元需将墩顶块在底模上作 180°转向后按上述方法完成），直至完成整桥预制梁段。

桥面箱梁测控难度主要体现为空间三维桥梁转换为预制桥面箱梁单元，需考虑节段拼装，后拉预应力留孔，预估变形量等要求，通过测控软件模拟及实地测量保证精度要求，具体步骤如下：

（1）模板：模板尺寸加工精度和模板拼缝隙控制在 ±1mm 范围内。由于节段梁考虑拼装时施工工况和桥梁的一二期荷载对成桥线型的影响，对每节段梁拼缝均设置预拱度，由于模板拼缝与节段梁拼缝不一定重合，要将预拱值采用内插法计算模板缝的预拱值，计算后要注意再将板缝预拱值用内插法反算梁缝预拱值并与原值比较，误差不大于 ±1mm，如超过，则适当调整模板缝的预拱值。

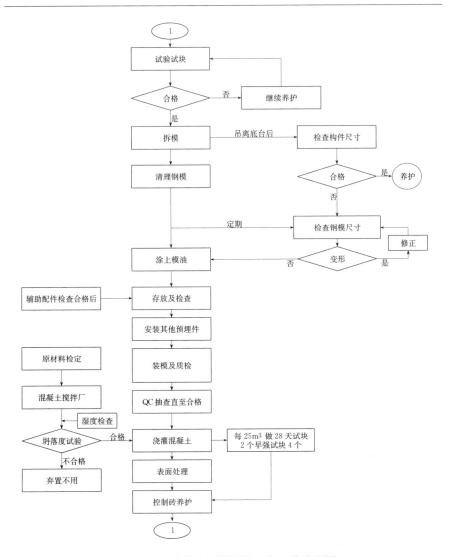

图 4.4-2　长线法预制桥墩生产工艺流程图

（2）测控网建立：测控网采用三角控制网，网点兼作高程控制点。对生产线上的测控主要通过台座中线上的测量塔进行，测量塔要定期复核。测控网布设主要是对底模板安装放样的校核和提供拼装线型测控点。底模板安装时采用切线支距法，便于操作，测控网校核中线误差不大于±1mm，高程误差不大于±3mm。由于预制时能通过底模板的测量来控制梁底板线型以保证梁节预制线型，而拼装时只能测量梁顶板进行拼装线型控制，则在预制场必须通过测控网将梁底板控制点准确放样到梁顶以提供拼装测控依据，提供包含安装里程、坐标、高程以及相邻梁节相对关系等数据。

（3）底模板拼装：底模板试拼工作是检验模板加工安装精度的重要依据，是预制梁线型控制的关键。试拼采用切线支距法放样，全站仪测控网校核。试拼要求中线误差不大于±1mm，高程误差不大于±3mm，拼缝不大于1mm。

（4）侧模、端板和内模拼装：侧模、端板和内模要检测侧模、端板和内模与底模的组合效果，要求拼缝不大于1mm。

（5）节段预压：为检验底模和台座的稳定性必须进行节段预压，节段堆载荷载为预制梁节重量的1.2～1.4倍，以检验模板的弹性变形（挠度值）不大于2mm，调节垫片压缩量不大于1mm。

（6）养护：在混凝土浇筑后进行养护等强，在此期间要进行测控点的埋设和数据采集。测控点埋设中心误差为±3mm，高程误差±1mm。

（7）匹配预制及吊装出梁：梁节浇筑后即作为匹配梁放置在生产台座上，为保证整个T构或边跨梁的线型，对匹配梁采取底模增设丝杆顶撑以保证其稳定性。对匹配梁在浇筑施工前后的相对中线误差不大于10mm、高程误差不大于5mm，绝对中线误差不大于5mm、高程误差不大于3mm。如发现偏差超过要求，则需对待浇梁进行中线纠偏或高程补偿。当台座上预制好的梁节完成匹配施工后应及时吊装出生产台座，为后继施工留出施工空间。吊装施工要保证梁节结构安全和梁体完整性。起重作业时要注意保护好剪力键不被破坏，应在台座上先从水平方向采用千斤顶将梁体脱离匹配面后再吊装出梁。

预制桥面箱梁精度控制要求，见表4.4-1。

预制桥面箱梁精度控制要求 　　　　表 4.4-1

序号	检查项目		规定值或允许偏差	检查方法和频率
1	节段长度(mm)		＋5，－10	尺量
2	箱梁高度(mm)		＋0，－5	尺量2处
3	宽度(mm)	翼缘	±10	尺量3处
		顶宽	±20	
		腹板	＋10，0	
4	顶、底板厚度(mm)		＋10，0	尺量
5	孔道相对误差(mm)		±1	尺量

续表

序号	检查项目	规定值或允许偏差	检查方法和频率
6	平整度(mm)	+5,0	2m 直尺检测
7	预埋件位置(mm)	+5,0	尺量

其生产流程如图 4.4-3。

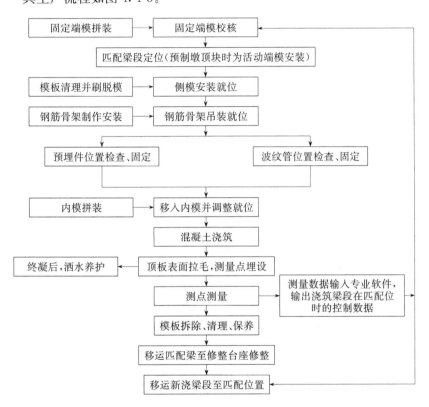

图 4.4-3 短线法生产桥面箱梁工艺流程图

4.4.3 预制桥梁防撞护栏生产工艺

护栏的预制采用钢模生产，钢模由下部支撑架和钢模板组成。可以通过调节端头钢模来调节预制护栏的高度，从而满足不同类型预制护栏的生产要求。部分非标准的护栏，也是通过特殊设计的端头钢模来生产的。其生产步骤如下：

（1）为避免新钢模色差，保证预制护栏面板外观的一致和美观，在生产之前进行模板表面清洁及处理，涂抹玻璃胶密封模板间的缝隙。

（2）将预先绑扎好钢筋笼，放入钢模内，在钢筋笼和钢模之间要求放置混凝土垫块以满足保护层厚度的要求。为了便于以后的安装，浇筑混凝土之前要安装好必要的预埋件。每次浇筑的混凝土各种性能相同，避免产生色差。

（3）当混凝土试块满足强度要求后，进行拆模并按规定进行堆放，为避免损坏，预制护栏面板需平铺摆放在场地，并做适当的保护，以满足表面的平整度光洁度要求。

4.5　隧道工程管片制作精度控制技术

隧道工程一般里程较长，当管片预制时，预制管片数量巨大。隧道衬砌由几片管片组装而成，每组管片在项目中位置固定，微小的误差容易累积为不可接受的工程事故，这就要求管片生产精度高于一般预制构件。如何控制精度在一定范围以内将是该类构件制作的关键。隧道工程预制管片产品，见图 4.5-1。

图 4.5-1　隧道工程预制管片产品

管片精度控制首要环节是控制模具的精度，选择高质量的模具以及精准的测量方式至关重要。钢模具有刚度大、变形小、重复利用率高等特点，采用三轴联动的数控加工中心、计算机编程和先进的装配工艺，保证了钢模的高精度和简便性。模具组装过程中，如不满足运行误差范围，则必须重新组装、检测直至在精度要求以内。以下是钢模精度要求以及测量方法。预制管片钢模精度控制要求，见表 4.5-1。

预制管片钢模精度控制要求　　　　　　表 4.5-1

序号	实测项目	精度要求（mm）	测量方法
1	钢模宽度	±0.3	精度为 0.01mm 的千分尺，测量 6 点
2	钢模厚度	0～+2.5	精度为 0.01mm 的千分尺，测量 6 点
3	纵向、环向芯棒中心距	±0.4	利用测量样板，插入 0.05～0.75mm 塞尺测量
4	钢模内外径弧、弦长	±0.5	用塞尺测量出测量样板与钢模端面的间隙，通过计算得出弧、弦长，测 3 处
5	纵向、环向芯棒孔径	±0.2	利用测量样板，插入 0.05～0.75mm 塞尺测量
6	环面角度	±0.2	用塞尺测量出测量样板与钢模端面的间隙，通过计算得出弧、弦长，测 3 处
7	端面角度	±0.1	用塞尺测量出测量样板与钢模端面的间隙，通过计算得出弧、弦长，测 3 处

管片生产流程如图 4.5-2。

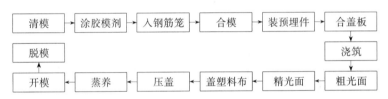

图 4.5-2　管片生产工艺流程图

　　管片生产脱模后，需对成品进行尺寸检测。单片管片成品精度控制要求，见表 4.5-2。三环水平拼装精度控制要求，见表 4.5-3。

单片管片成品精度控制要求　　　　　　表 4.5-2

序号	实测项目	精度要求（mm）	测量方法
1	宽度	±0.5	游标卡尺，测 3 点
2	弧长、弦长	±1	游标卡尺，测 3 点
3	厚度	±5	钢卷尺，测 3 点
4	保护层厚度	±2	保护层检测仪

三环水平拼装精度控制要求　　　　　　表 4.5-3

序号	实测项目	精度要求（mm）	测量方法
1	环向缝间隙	2	插片，每环测 6 点
2	纵向缝间隙	2	插片，每条缝测 3 点

序号	实测项目	精度要求(mm)	测量方法
3	成环后内径	±2	用钢卷尺测 4 条(不放衬垫)
4	成环后外径	+6,-2	用钢卷尺测 4 条(不放衬垫)

严格的测量标准和精准的测量方法是满足精度要求的唯一途径。该技术控制管片生产精度要求，已成功应用于香港荃湾雨水渠道管片工程，青山道电缆隧道管片工程和深圳地铁龙华线"福民—市民中心"段等多个项目，获业主较高评价。

为践行我国环保节能倡议，通过研究高性能混凝土以及钢纤维在管片中的应用，以减少钢筋用量，减薄管片厚度；同时，管片抗压抗弯性能更好，抗爆裂能力更强，具有一定的实际经济效益。

4.6 新型配套生产设备研制技术

4.6.1 产品吊运架

一般吊运架吊运较大体量的产品时，钢丝绳容易折断的主要原因是连接点采用锁扣连接，在产品重力下，钢丝绳受到较大剪力而剪断。而将原有固定式锁扣优化成固定滑轮和动滑轮相组合，加大钢丝绳与吊具的接触面，增大钢丝绳的起弯弧度，大大降低因钢丝绳折断而导致产品滑落报废的概率，减少安全隐患。图 4.6-1 为产品吊运架构造图。

产品吊运架主要由钢结构架、钢丝绳、吊钩及滑轮组成，其中钢结构架主要起到承重作用，钢丝绳起到调节产品平衡的作用，吊钩起到吊架与产品链接的作用，滑轮负责将钢结构架、钢丝绳及吊钩连接，并保护钢丝绳不受剪力避免折断，产品吊运架使用需要大型设备配合，由外拉力对产品进行吊运。

4.6.2 产品翻转架

为提高翻转架的适用范围，转角外墙板、凸窗等复杂构件也能应用常规翻转架，避免因采用龙门吊翻转不当造成的质量损坏、报废等问题，将翻转架支撑产品的接触面设计成"L"形，使其也适用于复杂结构的产品。同时在翻转架顶部增加安全锁扣，改变原有依靠绳索固定的方式，提高安全保障，从而实现对人员安全及产品质量起到保护作用。图 4.6-2 为产品翻转架构造图。

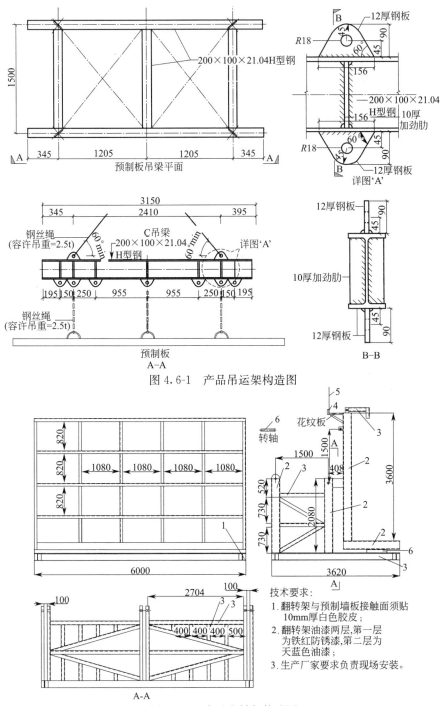

图 4.6-1 产品吊运架构造图

技术要求:

1. 翻转架与预制墙板接触面须贴10mm厚白色胶皮;
2. 翻转架油漆两层,第一层为铁红防锈漆,第二层为天蓝色油漆;
3. 生产厂家要求负责现场安装。

图 4.6-2 产品翻转架构造图

产品翻转架主要由底座、主体结构架及安全装置组成，底座主要承担整体重量的支撑作用，主体结构架负责支撑产品，安全装置负责稳固产品，产品翻转过程需要大型设备的外力帮助完成，实现产品水平面与立面的转移。

4.6.3 产品存放架

为解决产品存放架可调节产品支撑位，将存放架两端的支撑杆分别设置成两条采用螺杆与螺母相配合的装置，实现支撑位上下左右可调。减少修补产品支撑位瓷砖时对龙门吊的占用时间，实现人工手动调整存放架支撑位置，避免依赖大型设备的协助，从而提高工效。图 4.6-3 为产品存放架构造图。

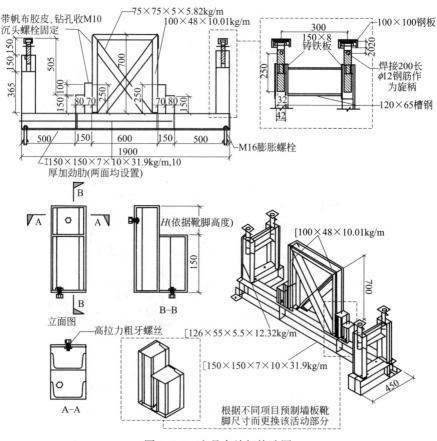

图 4.6-3 产品存放架构造图

产品存放架主要由底座、撑杆及螺杆与螺母配套装置组成，底座承担稳固座架作用，撑杆保证产品平衡，螺杆及螺母配套装置主要承担调节座高。

除此之外，还有防扭曲支撑架、高精度管片焊铁架、外墙板扭曲检测平台装置等。在生产过程中，通过不断试验，研制出新型生产辅助装置，更好地为预制构件生产提供质量保障和技术支持。

第5章 装配式单元构件建造技术

装配式施工技术是指房屋建筑过程中,将组成建筑物主体的现浇混凝土结构拆分成若干个混凝土预制构件,如剪力墙、内隔墙、柱、梁、板、卫生间、阳台、楼梯等,在工厂制作完成,再将构件统一运输至指定安装地点,经大型设备的吊装、拼装、连接、校正和局部现浇混凝土等工艺,建成建筑物。这种施工技术缩短了施工周期,减少了人力的投入与技术间歇,同时大大降低了施工成本的投入和资金流的占用。装配式施工过程中,预制构件的安装精度控制是工程重点及难点,本章将针对不同的预制产品装配式施工——做详细介绍。

5.1 六面体预制构件安装技术

整体预制卫生间六面体盒式结构的安装技术不同于普通预制构件,其既需满足与楼板、梁等水平受力构件对接,又需与剪力墙等竖向受力构件对接,安装时需对位准确,水平和垂直度需满足精度要求,安装过程复杂,安装精度控制难度大。

六面体预制卫生间安装方案是经过不断地研究完善而形成的,其最初的方案(方案一)是卫生间底部侧面预留搭接钢筋,与底层半预制楼面板钢筋搭接,然后浇筑混凝土使卫生间与楼面板连接在一起,待楼面板混凝土养护完成后,再采用灌浆方式填充卫生间底部,同时采用钢筋搭接位灌浆连接上、下卫生间产品。这种安装方案存在如下问题:

(1)卫生间底部预留的钢筋密集,与楼面板钢筋在搭接时容易相撞,在铺设现浇楼板连接钢筋时操作困难,影响工程进度;

(2)在卫生间安装调平时,底部周围是由脚手架支撑的半预制楼面板,其承重性差,用于调节水平的杠杆因无受力支撑点,调平操作困难,产品变形导致后续门窗及管线安装工序操作难,影响整个项目的施工进度。

为了解决上述安装难题,对整体预制卫生间的设计方案进行了改进,并形成了新的安装方案(方案二),其主要内容如下:

(1)减少外露搭接钢筋数量,钢筋外露位置由原来的底部侧面改为顶部垂直支出，现场安装时将搭接钢筋向内弯折与半预制楼板外露钢筋搭接为一体，不会再相撞，提升了现浇楼板钢筋绑扎的效率。产品顶部外露搭接钢筋，在运输及安装操作时不易伤人，安全性显著提升。

（2）铺设现浇楼面板钢筋后，卫生间产品顶部浇筑 70mm 混凝土（与现浇楼面板同时浇筑），使卫生间的顶部成为现浇楼板的一部分，卫生间与楼板连接整体性好，抗震性好，所以受力性能更好；

（3）在现浇楼面板达到要求强度后安装上一层卫生间产品，并采用七字形水平调节码和千斤顶调节预制卫生间水平和垂直，操作简便，加快了工程施工进度。

（4）上下卫生间对接采用钢筋灌浆锚接连接的方式，其灌浆技术的关键点主要需控制连续灌浆：当灌浆料出中部溢出孔位呈圆柱状流出时立即用软胶塞堵住，连续灌浆直至最后一个灌浆溢出孔位被堵住，这种连续灌浆方式使得所有灌浆通道被浆料填充满，确保上下预制卫生间连接牢固。图 5.1-1 为卫生间灌浆孔与溢出孔。

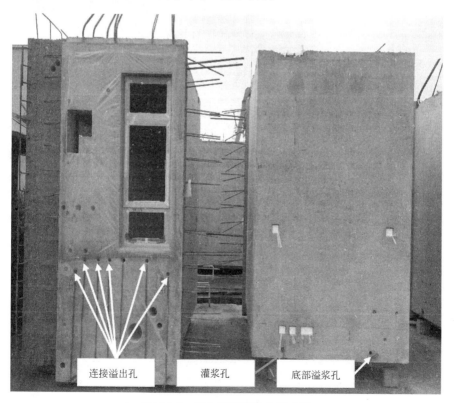

图 5.1-1　卫生间灌浆孔与溢出孔

为判断灌浆料是否灌满及灌浆强度是否达到要求，对安装后的卫生间灌浆质量进行抽芯检查。抽芯取样为每四层楼取一层，每层随机抽选 6件卫生间进行。预制卫生间抽芯位置如图 5.1-2 所示，该部位无上、下钢筋连接，抽芯后对构件质量没有不良影响。若所抽取的芯样无分层、孔洞，且密实，芯样抗压强度达到混凝土设计强度的 95% 则为合格。

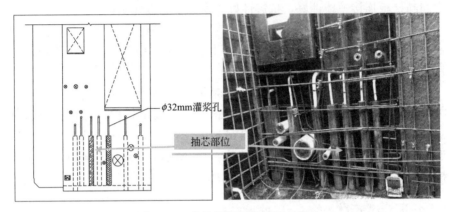

图 5.1-2　整体预制卫生间抽芯部位

该六面体结构安装技术安装对接准确，精度高，效果好。

5.2　单侧预制叠合剪力墙技术

为实现剪力墙结构工厂化生产，提出了图 5.2-1 所示单侧叠合剪力墙预制装配技术。该预制叠合剪力墙的预制部分即预制剪力墙板在工厂加工制作、养护，达到设计强度后运抵施工现场，安装就位后和现浇部分整浇形成预制叠合剪力墙。带建筑饰面的外侧预制剪力墙板不仅可作为

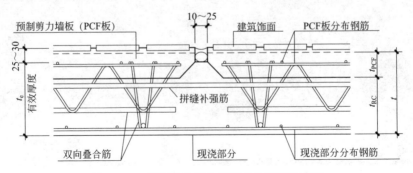

图 5.2-1　预制叠合剪力墙组成及其有效厚度

预制叠合剪力墙的一部分参与结构受力,浇筑混凝土时还可兼作外墙模板,外墙立面也不需要二次装修,可完全省去施工外脚手架。这种 PCF 工法节省成本、提高效率、保证质量,可明显提高剪力墙结构住宅建设的工业化水平。

该叠合剪力墙外侧预制部分(简称 PCF 板)和内侧现浇部分之间通过水平、垂直双向布置的叠合钢筋连接,PCF 板制作时内表面做成凹凸不平的人工粗糙面,在相邻两块 PCF 板拼接处,通过在现浇部分紧贴 PCF 板内侧设置拼缝补强钢筋完成预制墙板水平及垂直方向的拼装,见图 5.2-2。

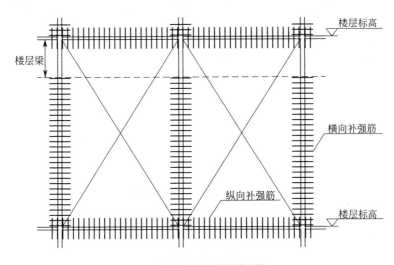

(*a*) 水平及垂直拼缝设置

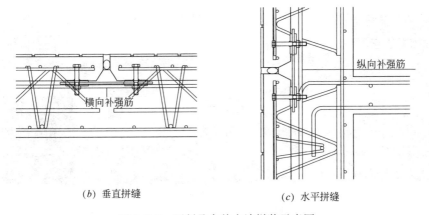

(*b*) 垂直拼缝　　　　　　　　(*c*) 水平拼缝

图 5.2-2　预制叠合剪力墙拼装示意图

5.2.1　试验研究

为考察单侧叠合剪力墙的抗震性能，探讨其作为结构构件应用的可行性，共进行了两种构造形式（边缘构件全置于现浇部分和部分置于现浇部分）、三种类型（整体 A 型、开洞 B 型及带竖向拼缝 C 型）共 21 片预制叠合剪力墙及 3 片全现浇对比试件的低周反复荷载试验。表 5.2-1 为试件参数量、尺寸、编号及剪跨比，图 5.2-3 为试件加工制作示意图，图 5.2-4 为试验加载装置示意图，图 5.2-5 为试件典型破坏形态，图 5.2-6 为试验典型顶点荷载-位移滞回曲线。

试件数量、尺寸、编号及剪跨比　　　　　表 5.2-1

试件类型	尺寸(mm)			试件数量	试件编号	剪跨比	连梁
	墙长	墙高	墙厚				
A（整体墙）	1500	1800	250/200 （预制 70， 现浇 180）	现浇 1 个	SWA	1.22	仅 B 类试件 有，连梁尺寸 180/200mm× 500mm，纵筋 HRB335 级 4Φ14＋4Φ12， 箍筋 HPB235Φ 8@80
				Ⅰ类 3 个	PCFⅠ-A1～A3	1.22	
				Ⅱ类 4 个	PCFⅡ-A1～A4	1.22	
B（开洞墙）	1500	1800	250/200 （预制 70， 现浇 180）	现浇 1 个	SWB	1.22	
	洞口尺寸 600×800			Ⅰ类 3 个	PCFⅠ-B1～B3	1.22	
				Ⅱ类 4 个	PCFⅡ-B1～B4	1.22	
C（拼缝墙）	1500	1800	250/200 （预制 70， 现浇 180）	现浇 1 个	SWC	1.2	
				Ⅰ类 3 个	PCFⅠ-C1～C3	1.2	
				Ⅱ类 4 个	PCFⅡ-C1～C4	1.2	

图 5.2-3　试件加工制作　　　　　图 5.2-4　试件加载装置示意图

　(a) 整体墙　　　　　　(b) 开洞墙　　　　　(c) 带竖向拼缝墙

图 5.2-5　试件典型破坏形态

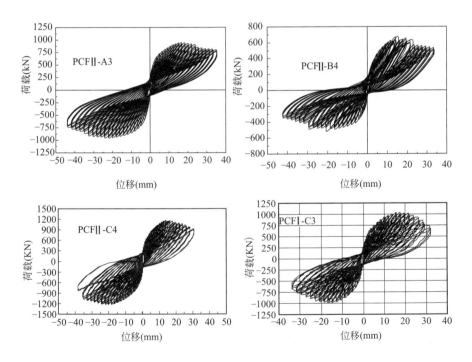

图 5.2-6　试件典型顶点荷载-位移滞回曲线

叠合墙试件试验加载曲线特征点数值及延性系数见表 5.2-2。

叠合墙试件试验加载曲线特征点数值及延性系数 表 5.2-2

试件编号	轴压比	开裂荷载 P_{cr} (kN)	开裂位移 Δ_{cr} (mm)	屈服荷载 P_y (kN)	屈服位移 Δ_y (mm)	最大荷载 P_m (kN)	极限荷载 P_u (kN)	极限位移 Δ_u (mm)	延性系数 μ
PCFⅡ-A1	.11	760	5.02	900	9	1012	860	32.39	3.60
PCFⅡ-A2	.11	756	5.16	886	9.3	1045	888	30	3.22
PCFⅡ-A3	.11	727	5.12	846	9.5	950	807	33	3.47
PCFⅡ-A4	.11	693	5.32	803	9.6	915	778	31	3.23
PCFⅡ-B1	.11	459.35	5.021	623.387	10.9	793.423	589.933	29.878	2.74
PCFⅡ-B2	.11	486.497	6.99	581.09	11.37	805.42	611.006	40.116	3.52
PCFⅡ-B3	.11	477.422	6.743	586.243	11.37	755.201	532.332	32	2.81
PCFⅡ-B4	.11	508.415	6.448	627.463	11.764	677.143	543.714	31	2.63
PCFⅡ-C1	.11	785	6.84	930	12.11	1174	998	41.54	3.43
PCFⅡ-C2	.11	912	5.96	963	12.15	1251	1064	41.02	3.38
PCFⅡ-C3	.11	890	5.81	850	12.21	950	968	40.31	3.30
PCFⅡ-C4	.11	932	6.69	993	10.68	1225	1041	38.64	3.62
PCFⅡ-A1	.11	621.6	4.14	788.6	6.74	1003.3	852.8	23.3	3.46
PCFⅡ-A2	.11	637.8	3.99	786.4	7.13	1039.0	883.2	22.5	3.16
PCFⅡ-A3	.11	644.9	3.89	795.4	7.14	1097.6	933.0	22.5	3.15
SWA	.11	600.0	4.04	738.3	7.48	1053.1	895.1	25.8	3.45
PCFⅠ-B1	.11	349.3	3.20	485.5	7.73	644.5	547.8	25.05	3.24
PCFⅠ-B2	.11	324.8	2.76	471.1	6.74	706.8	600.8	23.18	3.44
PCFⅠ-B3	.11	325.9	2.31	485.6	6.65	715.9	608.5	25.01	3.76
SWB	.11	201.5	3.00	260.8	4.92	445.9	379.0	18.80	3.82
PCFⅠ-C1	.11	725.8	4.14	801.5	5.61	1104.0	938.4	20.38	3.63
PCFⅠ-C2	.11	694.3	4.33	766.3	5.76	1024.9	871.2	20.67	3.59
PCFⅠ-C3	.11	662.2	4.04	754.7	5.56	1034.6	879.4	20.72	3.73
SWC	.11	637.9	3.84	718.1	4.33	980.3	833.3	19.59	4.52

表 5.2-3 列出了本次试验各试件按规范计算所得的抗剪承载力与试验实测峰值荷载。承载力计算时，混凝土、钢筋强度取材料试验实测强度，预制叠合剪力墙厚度取有效厚度。

由表 5.2-3 可知，采用我国规范关于剪力墙承载力计算公式对预制叠合墙体进行极限承载力计算，所得结果与试验值相比普遍偏低。

剪力墙试件设计抗剪极限承载力与试验极限承载力对比　表 5.2-3

试件编号	设计极限承载力(kN)	实测极限承载力(kN)	试件编号	设计极限承载力(kN)	实测极限承载力(kN)
PCFⅠ-A1	774.8 (873.2)	1003.2	PCFⅡ-A1	774.8 (821.5)	1012
PCFⅠ-A2		1039.0	PCFⅡ-A2		1045
PCFⅠ-A3		1097.6	PCFⅡ-A3		950
SWA		1053.1	PCFⅡ-A4		915
PCFⅠ-B1	631.6 (713.3)	644.5	PCFⅡ-B1	631.6 (736.6)	793
PCFⅠ-B2		706.8	PCFⅡ-B2		805
PCFⅠ-B3		715.9	PCFⅡ-B3		755
SWB		445.9	PCFⅡ-B4		677
PCFⅠ-C1	777.2 (891.6)	1104.0	PCFⅡ-C1	777.2 (943.2)	1174
PCFⅠ-C2		1024.9	PCFⅡ-C2		1251
PCFⅠ-C3		1034.6	PCFⅡ-C3		950
SWC		980.3	PCFⅡ-C4		1225

注：表中括号内的数值为按实测材料强度计算得到的墙体极限抗剪承载力。

通过 21 片预制叠合剪力墙及 3 片全现浇剪力墙试件试验，可得以下结论：

1. 同组预制叠合剪力墙试验中各试件的受力变形过程、破坏模式相似，各试件滞回曲线、骨架曲线、耗能能力、刚度退化趋势等抗震性能指标接近，试验结果离散性较小，试验结果能反映该类预制叠合剪力墙的受力变形性能；

2. 试验现象表明预制叠合剪力墙受力变形过程、破坏形态和普通钢筋混凝土剪力墙相似，试验过程中预制叠合剪力墙预制和现浇部分结合面、水平及垂直拼缝处未出现异常破坏现象，预制和现浇受力变形基本同步，表明本试验方案所采用的结构构造及补强措施能够保证预制叠合剪力墙的正常工作；

3. 预制板内表面采用拉毛和添加表面缓凝剂两种界面处理工艺，在保证预制叠合剪力墙预制和现浇部分的整体性方面效果无明显差异；

4. 预制叠合剪力墙试件实测极限承载力（对应于试验峰值荷载）和同类型现浇剪力墙对比试件的试验极限承载力接近（预制叠合剪力墙有效厚度和全现浇剪力墙厚度相当），且不小于采用我国规范关于普通钢筋混凝土剪力墙承载力计算公式计算得到的极限承载力；

5. 方案 I 中各试件边缘构件纵筋底部用套筒连接，试验过程中未出现套筒范围内纵筋断裂或拔出现象，表明该种钢筋连接方式可靠。

5.2.2　理论分析

根据单侧叠合剪力墙组成特点，采用两种有限元软件 ANSYS 和 ABAQUS 对其进行了数值仿真分析。图 5.2-7 为各类试件 Z 向典型事件应变云图，图 5.2-8 为各类试件顶点位移-基底剪力典型变化曲线。

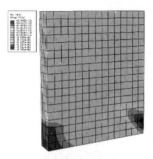

(a)　现浇剪力墙 Z 向应变云图

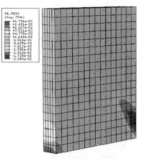

(b)　整体 PCF 剪力墙 Z 向应变云图

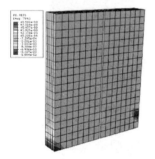

(c)　带缝 PCF 剪力墙 Z 向应变云图

(d)　带洞 PCF 剪力墙 Z 向应变云图

图 5.2-7　各类型试件 Z 向典型应变云图

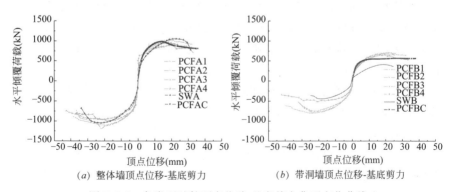

(a)　整体墙顶点位移-基底剪力

(b)　带洞墙顶点位移-基底剪力

图 5.2-8　各类型试件顶点位移-基底剪力典型变化曲线

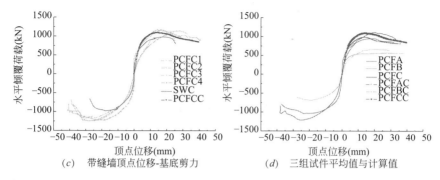

图 5.2-8 各类型试件顶点位移-基底剪力典型变化曲线（续）

理论分析结果表明：

1. 计算分析结果与试验结果吻合良好，计算结果可作为研究的依据；

2. 整体 PCF 剪力墙与传统全现浇剪力墙具有基本一致的裂缝分布、应变分布和抗侧承载特性；

3. 带洞口 PCF 剪力墙试件计算分析结果和试验结果一致，洞口底部边缘墙体应变较大，洞口角部应变较大，裂缝分布较集中，抗侧承载特性与试验结果基本一致；

4. 带缝 PCF 剪力墙试件具有比全现浇剪力墙更高的抗侧承载能力，带缝 PCF 剪力墙裂缝分布及应变分布与试验情况一致，抗侧承载能力和延性均表现良好；

5. PCF 剪力墙构件在竖向力和侧向力的作用下具有与传统剪力墙构件可以相比拟的性能，PCF 剪力墙预制部分和现浇部分未明显削弱墙体抗侧特性。

在试验研究及理论分析的基础上，提出了单侧预制叠合剪力墙设计理论及方法：预制叠合剪力墙预制和现浇部分之间的整体性需通过设置双向叠合钢筋得到保证，叠合钢筋的间距及边距应满足相应要求；在此条件下，对于部分墙肢（以外墙为主）采用单侧预制叠合剪力墙的剪力墙结构，在结构整体计算分析时，预制叠合剪力墙取有效厚度等同现浇剪力墙参与结构整体计算；在墙板连接拼缝设计时，拼缝处补强钢筋需要量按计算及构造要求确定，且单位长度配置量应不小于预制剪力墙板内对应范围内与补强筋平行的分布钢筋的面积。拼缝补强筋位置处于预制剪力墙板内侧和叠合筋上弦筋之间，跨缝布置，单侧长度不应小于 $30d$（d 为补强筋直径）及《高层建筑混凝土结构技术规程》JGJ 3 规定的剪力墙分布钢筋搭接长度。叠合剪力墙现浇部分单位面积配筋量宜满足式(5.2-1)或式(5.2-2) 计算要求。

$$A_{sj} = A_s \times \frac{t_{RC}}{t_{PCF} + t_{RC}} \qquad (5.2\text{-}1)$$

$$A_{sPCF} \geqslant A_s \times \frac{t_{PCF}}{t_{PCF} + t_{RC}} \qquad (5.2\text{-}2)$$

两式中 A_s——预制叠合剪力墙单位面积分布钢筋配筋量；

$\quad A_{sPCF}$——预制剪力墙板单位面积分布钢筋配筋量；

$\quad A_{sj}$——叠合剪力墙现浇部分单位面积分布钢筋配筋量；

$\quad t_{RC}$——预制叠合剪力墙现浇部分厚度；

$\quad t_{PCF}$——预制剪力墙板厚度（不含建筑饰面厚度）。

此外，对单侧叠合剪力墙的构造要求及其预制部分在脱模、存放、运输及施工安装等阶段的设计荷载取值及验算方法等进行了规定，详细内容见上海市工程建设规范《装配整体式混凝土住宅体系设计规程》DG/T J08—2071—2010 及上海市工程建设规范《建筑抗震设计规程》DGJ 08—9—2013 相关章节。

5.2.3 预制墙板生产工艺

PC 外墙板生产工艺流程如图 5.2-9。

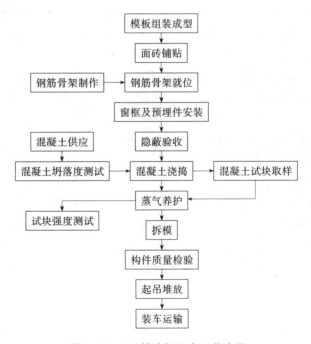

图 5.2-9 PC 外墙板生产工艺流程

1. 外墙板脱模与起吊

（1）脱模和移动构件的混凝土强度：要求大于70％设计强度。

（2）脱模的方法：侧模和底模采用整体脱模方法；内模采用分散拆除的方法。

（3）外墙板翻身竖立：先将墙板从模位上水平吊至翻转区，放在翻身架上，利用龙门吊主、辅吊钩的同时工作进行墙板翻转竖立。翻身架上设置柔性垫块，以防面砖损坏。

（4）安排清理：外墙板堆放后由专人进行清理。

清理过程为撕去保护贴纸→逐条清理面砖缝内的水泥浆水→面砖缝内孔洞修补→位移、翘曲、裂缝面砖更换（用专用胶粘剂补贴）→清水冲洗。

2. 预制墙板装车运输

（1）预制墙板出厂检验：出场产品必须符合质量标准。出厂墙板标明型号、生产日期，并盖上合格标志的图章。

（2）预制墙板运输：采用专用超低平板车和定制运输架进行运输。装车时，外饰面朝外并用紧绳固定，运输架底端垫在墙板下口内侧，运输架与墙板的接触面用橡胶条垫，防止对墙板造成损坏。运输时，车辆启动应慢速均匀，转弯变道要减速，以防倾覆。预制墙板运输采用平放运输，叠合板采用叠放运输（叠放数量不多于6块），运输构件放置后用保险带扣牢。

3. 施工现场的产品保护技术

（1）外墙板的靠放：采用靠放支架。对称堆放，倾斜角度保持在5°～10°。外饰面朝外，之间，墙板搁支点应设在墙板底部两端处，并采用柔性材料。堆放后加以固定。

（2）叠合板下面采用平垫（作高低差调平之用），防止构件倾斜而滑动，叠合板可用叠放。

（3）构件表面保护

1）预制外墙板面砖：出厂前在面砖上铺贴保护薄膜，防止现场粉尘及楼层浇筑混凝土时的污染，装饰阶段再予以剥除；2）铝合金窗框：预先贴高级塑料保护胶带，并在外墙板吊装前用木板保护；3）叠合板吊装前在支撑排架上放置两根槽钢，叠合板搁置在槽钢上，以免叠合板破坏。吊装就位后，翻口、踏步处用木板覆盖保护。

5.2.4　施工工艺及技术要点

施工工序见图5.2-10。

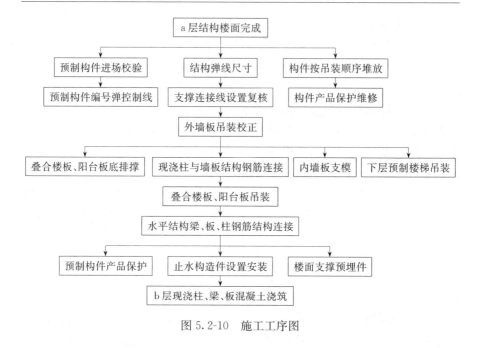

图 5.2-10　施工工序图

5.3　GRC 预制外墙安装技术

　　GRC 预制外墙安装流程以及精度控制同墙类预制构件相同，但由于 GRC 预制外墙表面附有装饰面，安装要求相比普通墙类构件更高，而且增加安装完后期工序，因此从吊装开始到表面保护、修补，部分施工安排需要重新设计，主要包括避免将施工设备与 GRC 预制外墙表面连系，减低因拆除如外墙码后对 GRC 饰面产生的破坏。

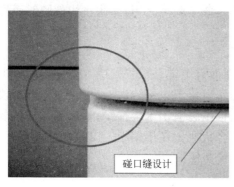

图 5.3-1　GRC 构件碰口缝设计

　　（1）GRC 预制外墙安装质量要求相当高，因外墙与外墙之间的夹缝采用明缝形式设计，所以不能用打胶方法遮掩，而外墙的 GRC 装饰线亦非常多变，因此外墙与外墙之夹缝不允许出现超过 5mm 的起级。图 5.3-1 为 GRC 构件碰口缝设计。

　　（2）整个项目的 GRC 预制外墙均采用纯白色加闪粉的饰面

设计，在阳光照射下会产生闪烁的效果，因此对 GRC 饰面的保护特别重要，避免建筑期间损毁及弄污。图 5.3-2 为 GRC 构件装饰面效果。

图 5.3-2　GRC 构件装饰面效果

（3）部分 GRC 预制件内墙需要用焊接方式拉稳以免浇灌混凝土造成预制外墙移位，生产时需预留钢筋，避免影响原有结构（要事先得到工程师批准）。

（4）因 GRC 预制外墙表面不能留孔穿过墙螺栓，故需在内墙面预留螺丝套收螺栓用。

图 5.3-3 为 GRC 构件预留螺栓孔。

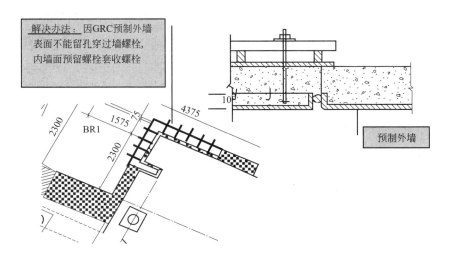

图 5.3-3　GRC 构件预留螺栓孔

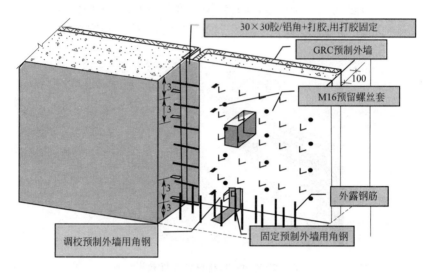

图 5.3-3　GRC 构件预留螺栓孔（续）

（5）所有 GRC 预制外墙之间夹缝会安装 30mm×30mm 胶条/铝角并用打胶稳固，以防止漏浆。

（6）在浇筑混凝土期间，每座楼需派人用水清洗 GRC 预制外墙表面水泥浆。

图 5.3-4 为 GRC 构件打胶稳固。

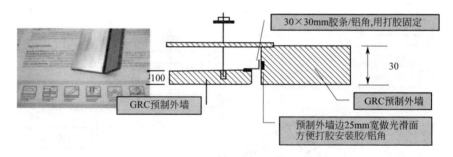

图 5.3-4　GRC 构件打胶稳固

5.4　装配式剪力墙安装技术

预制剪力墙安装时，水平方向通过现浇边缘构件连接，竖直方向通过钢筋套筒灌浆连接，从而形成装配式整体式剪力墙结构体系。图 5.4-1

为预制剪力墙安装示意图。

图 5.4-1 预制剪力墙安装示意图

安装主要步骤如下：

（1）安装精确定位：使用辅助钢筋定位的控制钢板，使得预制装配式钢筋混凝土剪力墙安装时，预留竖向钢筋位置与套筒位置的能够精确对位。

（2）钢筋套筒灌浆连接：预制装配式钢筋混凝土剪力墙的竖向连接方式采用的是墙板底部的钢筋套筒与下层墙板预留竖向钢筋相接，然后通过灌浆连接固定形成整体，即在预制混凝土构件内预埋的金属套筒中插入钢筋并灌注水泥基灌浆料而实现的钢筋连接方式。该连接可以达到与现浇剪力墙结构相似的性能，在满足建筑正常使用的抗裂目标下，通过采用适度连接的形式，使结构在承载力和延性相互协调中获得更适宜的抗震性能。

冬期施工时，当环境温度低于−5℃时，灌浆料应采用 40～50℃的热水拌合，以保证材料的入模温度高于 5℃。并采用合适合冬期施工的灌浆料配方，加入早强剂以及抗冻剂等外加剂。

（3）现浇暗柱施工：采用预制混凝土保温装饰一体化 PCF 板的施工方案，即利用 PCF 板代替外侧大钢模具，与现浇混凝土融为一体，不需要拆除。

该技术墙体对接准确，钢筋套筒灌浆连接质量好。

5.5 预制构件安装精度控制技术

工业化建筑的品质与预制构件的质量息息相关，另一方面，安装的精度也至关重要。按照相关规范《预制混凝土建造作业守则》2003 版安装容许偏差要求：

（1）构件之间的距离

1）相距 7m 内的墙：楼板面 ±15mm；

楼板底 ±18mm。

2）相距 7m 内的柱：楼板面 ±13mm；

楼板底 ±13mm。

3）梁和楼板：楼板面至梁/楼板底高度 ±19mm。

（2）构件和组件的大小和形状

1）墙：5m 内的平整度 ±6mm；

连续表面的突然改变 ±3mm；

任何 3m 长度的垂直度 6mm；

建筑物的全高或 30m，25mm 以较大者为准。

2）柱：3m 内的垂直度 10mm；

7m 内的垂直度 14mm。

3）梁：目标平面的标高偏差 ±23mm；

6m 内的挠度 8mm。

4）铺上砂浆底层前的悬垂结构楼面-目标平面的标高偏差变动

预制楼板 ±28mm；

结构底 ±18mm。

5）建筑物-长度或宽度在 40m 内 ±38mm。

（3）相对于同一水平最接近参照线的平面位置

1）墙 ±14mm。

2）柱 ±10mm。

3）包括饰面的楼梯（梯台至梯台的梯段）±10mm。

4）门、窗和其他开口 ±10mm。

（4）相对于同一水平最接近参照线的立面位置及门、窗和其他开口：±15mm。

（5）与最接近水平基准的水平偏差

1）结构屋顶：高度在 30m 内的上表面±20mm；

其后每 30m±10mm。

2）楼梯：梯台之间梯段的垂直高度±15mm；

其后每级的高度差距±4mm；

梯段踏板标高差距±4mm。

3）门、窗和其他开口-窗台/门槛和门楣/窗楣底面，每 1m 宽（最多 15mm）：±6mm。

注：为构件之间的距离提供的数值已考虑因位置、垂直度、平整度/弯度和横截面而导致的变动，不应与其后项目的数值合并。

由规范要求可以看出，预制构件的安装精度要求相当苛刻，若安装误差超过规范要求时，可能会导致构件连接不上或是不够紧密，严重则会影响工业化建筑的品质。为保证精度要求，以下介绍各种预制构件安装中控制精度的调节技术。

5.5.1　预制墙

预制墙类构件包含的预制外墙板，预制内隔墙，预制垃圾槽等，各种墙类预制构件的安装技术一样，区别只是支撑杆的型号有所不同，图 5.5-1、图 5.5-2 所示分别介绍各种墙类预制构件的安装节点大样。

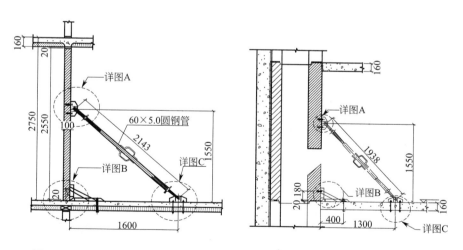

图 5.5-1　预制外墙板（上）、预制内隔墙（左）、预制垃圾槽（右）安装大样

预制墙类构件安装前，应按设计要求在构件墙面和相对应的支承结构面上标记中心线、标高线等控制尺寸，按标准图或设计文件校核预埋件及连接钢筋等，并做出标记。安装时，先将斜撑杆（图示详图"A"与

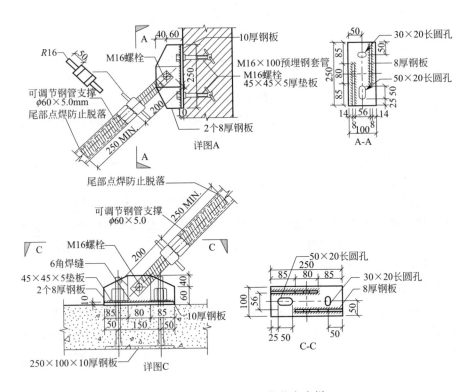

图 5.5-2　预制墙类安装节点大样

详图"C"之间的杆件）一端详图"C"固定于地面或楼面板上，七字码（图示详图"B"部分）底部固定于地面或楼面板上。再将构件吊运至指定位置后，分别固定到详图"A"与详图"B"上。最后根据水准点和轴线位置，调节支撑杆的旋转装置来校对构件的垂直度，调节七字码的螺母微调构件的水平位移和竖向位移。

5.5.2　预制柱

预制柱的安装同墙类预制构件类似，但由于预制柱需与下层柱相连，因此，不需要七字码来控制预制柱的移动。在施工现场，先将支撑杆安装到楼板上，待预制柱吊装到指定位置后，安装技术工人再将支撑杆固定预制柱，通过支撑杆的旋转装置来校对构件的垂直度，保证预制柱垂直度在容许的误差范围内，如图 5.5-3、图 5.5-4 所示。

5.5.3　预制整体式卫生间

预制整体卫生间是一个立体尺寸较大的构件，需要调整三维 3 个方向的位移。与墙类构件不同，预制整体卫生间不需要调节垂直度，因此，

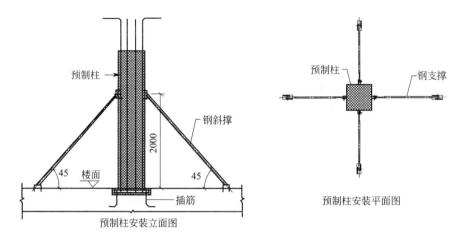

图 5.5-3 预制柱安装大样

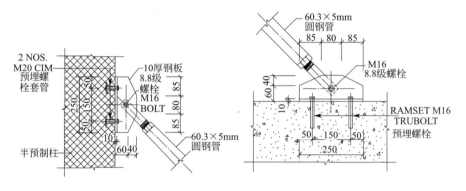

图 5.5-4 预制柱安装节点大样

不需要斜撑杆。安装时，先将各个方向的七字码安装到楼板上，再将构件吊装到到指定位置后固定到七字码上，调节七字码上的螺母来调节三维 3 个方向的位移。如图 5.5-5～图 5.5-7 所示。

5.5.4 预制梁

根据梁的尺寸，计算确定支撑角钢的型号以及穿孔个数。通过放线，将支撑角钢安装到预定位置，再将预制梁吊装到安装角钢上。安装的误差取决于支撑角钢的位置误差，因此只要放线精度满足要求，梁的标高偏差以及垂直度误差也能满足要求。支撑角钢如图 5.5-8、图 5.5-9 所示。

5.5.5 预制楼板

楼板的精度控制是通过调节支撑杆的长度来调节楼板的水平度。先将

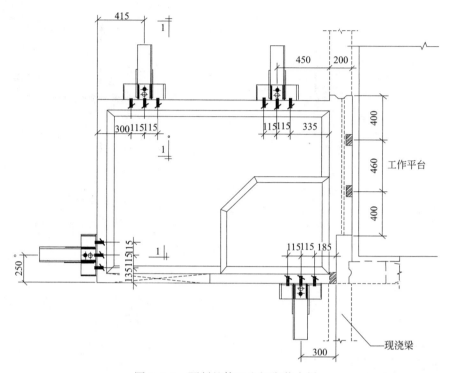

图 5.5-5　预制整体卫生间安装大样

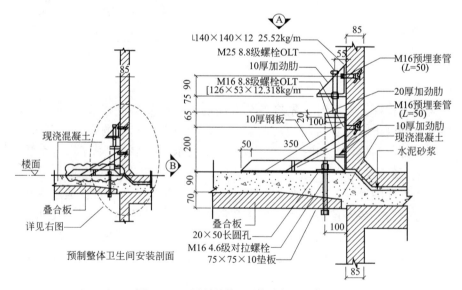

图 5.5-6　预制整体卫生间剖面及详图

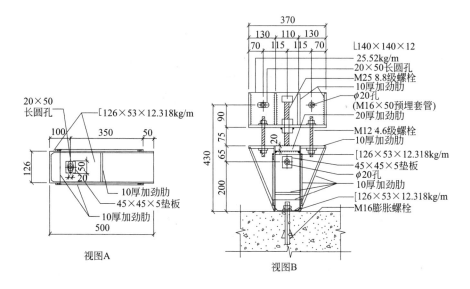

图 5.5-7 预制整体卫生间安装节点大样

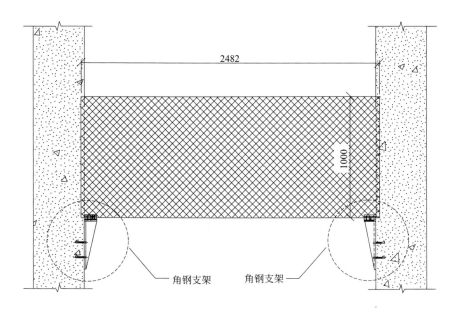

图 5.5-8 预制梁安装大样

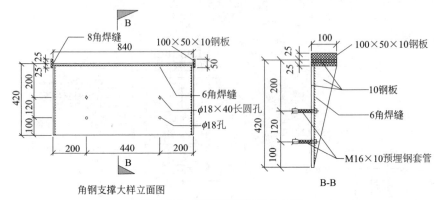

图 5.5-9　预制梁安装节点大样

支撑杆以及横梁搭设好，再将预制楼板吊装到横梁上，最后调节"U 形头"高低来保证楼板的精度要求，如图 5.5-10、图 5.5-11 所示。

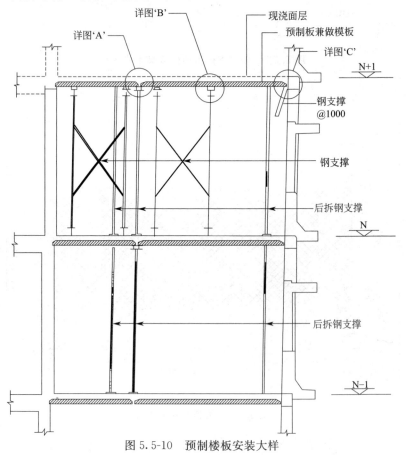

图 5.5-10　预制楼板安装大样

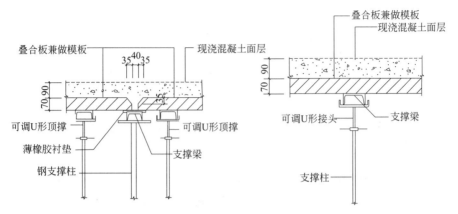

图 5.5-11 预制楼板安装节点大样

5.5.6 预制楼梯

预制楼梯从起吊到安装，不同阶段构件的倾斜角度不同，通过控制起吊链子长短来控制构件倾斜。将预制楼梯吊运至指定位置后，调节校正螺栓使构件满足精度要求，如图 5.5-12、图 5.5-13 所示。

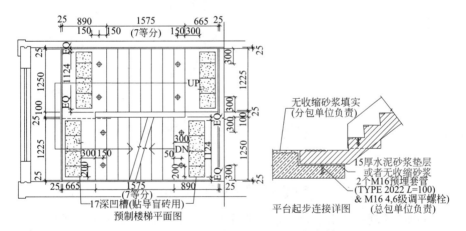

图 5.5-12 预制楼梯平面图及节点大样

5.5.7 特殊情况

另外，对于一些有特殊要求构件，安装技术也有所不同。

当上下层预制外墙厚度不一致，上下内侧无参考线时，安装仅仅利用七字码难以实现上下层对齐。在下层外墙增加带斜角的槽钢辅助装置，吊运上层外墙插入槽钢辅助装置内侧，方便对齐安装。图 5.5-14 为斜角槽钢辅助装置。

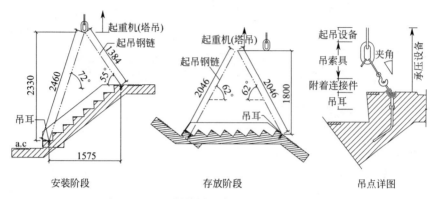

图 5.5-13　预制楼梯起吊阶段及安装阶段大样

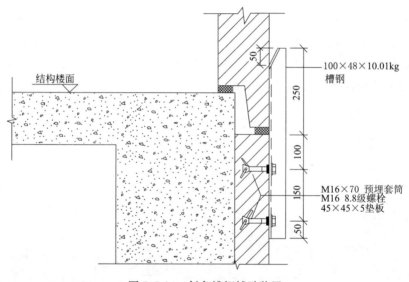

图 5.5-14　斜角槽钢辅助装置

　　GRC 预制构件由于表面附有装饰面，吊装更复杂。为解决吊装时构件上方不能出现吊钩，且防止损坏不可修复等考虑因素，经过与设计人员、生产人员，安装人员多方探讨，不断尝试，研制一种"C"码起吊装置，该装置能有效保护 GRC 预制构件吊装破坏。吊装时，将 GRC 预制构件卡入"C"码，吊梁吊钩起吊"C"码，避免吊梁吊钩直接起吊 GRC 预制构件，从而满足上部无吊钩，且减小集中受力的目的，最大程度保护 GRC 预制构件。图 5.5-15 为"C"码吊运安装图。

　　相比一般预制构件，GRC 预制构件安装精度更严，而且增加安装完

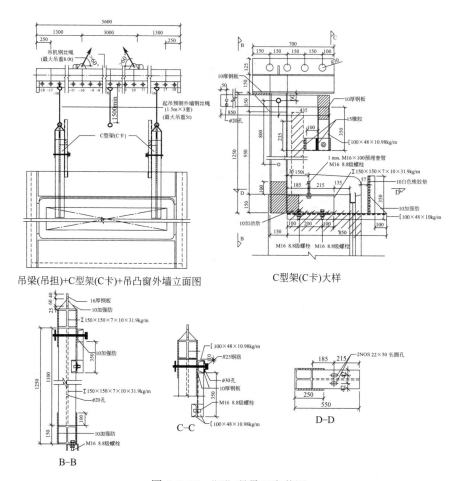

吊梁(吊担)+C型架(C卡)+吊凸窗外墙立面图

C型架(C卡)大样

B-B

C-C

D-D

图 5.5-15 "C"码吊运安装图

后期工序，减低因拆除如外墙码后对 GRC 饰面产生的破坏。外墙之间的夹缝采用明缝形式，不能用打胶方法遮掩；另外，由于装饰线亦丰富多彩，夹缝不允许出现超过 5mm 的错位。部分墙体内侧需要用烧焊方式拉稳，以防落混凝土期间预制外墙移位，生产时需预留铁枝，避免影响原有结构。墙表面不能留孔过墙螺丝，故需在内墙面预留螺丝套收螺丝用。

为解决预制柱对位以及梁柱搭接准确问题，通过探讨研究，研制出爬升架安装装置。该装置能使预制梁、柱精准对位，且能方便错位钢筋搭接，实现梁柱以及上下柱空间三轴节点区域安装精度满足受力要求，保证受力节点牢固。

图 5.5-16 为预制梁柱爬升架安装装置。

图 5.5-16   预制梁柱爬升架安装装置

5.6   施工现场安装防止碰撞措施

施工现场，构件之间以及构件与现浇结构之间可能发生钢筋碰撞，钢筋碰撞会影响构件的安装。一般构件之间的钢筋碰撞在设计时即需考虑，现浇结构的钢筋在预制构件就位后错开构件外伸钢筋放置。图5.6-1为相邻外墙板连接大样。

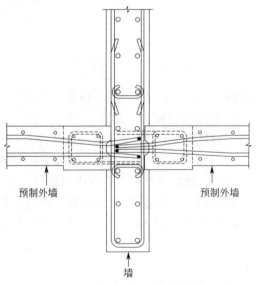

预制外墙   预制外墙

墙

图 5.6-1   相邻外墙板连接大样

当两件预制外墙板在剪力墙侧向相连时，构件外伸钢筋在剪力墙内交汇，节点处钢筋密集容易碰撞。设计时将相邻的一件构件外伸钢筋向外弯曲，另一件构件外伸钢筋向内弯曲，剪力墙竖向钢筋和横向钢筋错开构件的外伸钢筋，避免施工时钢筋碰撞。

当叠合楼板与全预制楼板之间的连接时，两件构件的外伸钢筋容易发生碰撞，钢筋碰撞会导致两件构件连接不上，影响后浇混凝土施工。设计时，需将两件预制构件外伸钢筋在构件内部向上弯曲，再通过一段钢筋分别进行搭接，从而实现叠合楼板与全预制楼板的紧密连接，避免构件间的碰撞。图 5.6-2 为叠合楼板与全预制楼板连接大样。

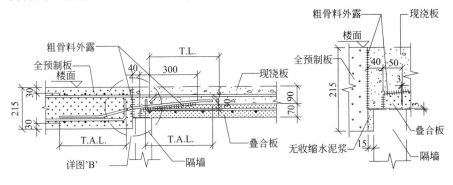

图 5.6-2 叠合楼板与全预制楼板连接大样

当叠合楼板与现浇梁/墙之间的连接时，构件的外伸钢筋在现浇梁或墙内锚固，相连构件的钢筋布置需要考虑构件钢筋的碰撞以及构件与现浇结构钢筋碰撞问题，外伸钢筋应在现浇结构内弯曲锚固，以此实现叠合楼板与现浇结构的锚固要求。图 5.6-3 为叠合楼板与现浇梁/墙连接大样。

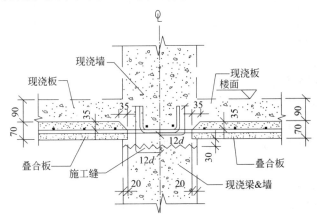

图 5.6-3 叠合楼板与现浇梁/墙连接大样

第6章 一体化装修技术

预制构件传统装修技术是通过后贴挂瓷砖、石材、琉璃瓦、GRC 等具有装饰效果的材料实现其与建筑外墙的连接，这种方法称之为后挂式安装方法。而一体化装修技术改变了传统施工方法，它是将装饰材料与混凝土预制件两者在工厂一次生产成型，然后运输到工地现场进行整体吊装、固定，这种施工工法结合了装饰面材料与混凝土预制件各自的优点和特点。装修产品的施工地点移至工厂进行施工，可以减少50％的现场装修时间，还可以避免二次耗材的运输费用。本章重点介绍采用"反打工艺"和整体卫生间一体化装修技术。

6.1 "反打工艺"室外装饰一体化技术

"反打工艺"室外装饰一体化技术是在工厂将外墙装饰层与混凝土预制墙板共同成型，即先将装饰材料铺设（喷涂）于模具上，然后吊入钢筋笼浇筑混凝土，使得装饰材料和钢筋混凝土预制构件一体成型。

传统外墙瓷砖装饰是预制外墙完成后，再在外墙上进行贴瓷砖工作。从弹基准线、批胶砂到贴瓷砖完成一般还需要 2 个工作日。而采用反打工艺技术，将瓷砖和混凝土浇筑一次成型，实现预制外墙装饰瓷砖和构件一体化，节省了后期贴瓷砖工作。与传统后贴瓷砖工艺相比，反打工艺有以下优点：

（1）提高瓷砖与混凝土的粘接强度，由于采用一体化成型施工，混凝土与瓷砖整体浇筑，因此瓷砖与混凝土之间的粘接强度远远高于后贴瓷砖的粘接强度；

（2）提高了瓷砖平整度以及对缝精准度；

（3）提高生产效率，节省了后期工人装修时间，生产效率约提高 1/3以上；

（4）节约生产工期，相比传统后贴瓷砖，节省 2 天。

由于装饰材料铺设同混凝土浇筑同时进行，与常规构件制作工艺有较大不同，下面详细介绍瓷砖反打工艺流程。

1. 模具准备

1）采用传统的钢模，控制模具表面平整度，误差不超过±1mm；

2）将拼装好的模具表面锈迹、混凝土渣、灰尘等杂物用钢丝球清除干净，并用清水清洗干净；

3）在模具上划好外墙瓷砖控制线。

2. 铺瓷砖

1）待模具表面清理干净后，将调制好的瓷砖胶用4分毛刷均匀涂刷到模具表面上，每次涂刷瓷砖胶面积保持在3版为宜（1版一般是6块瓷砖表面用纸连接），然后，按瓷砖图施工图将瓷砖铺在已涂刷瓷砖胶的模具表面。依此方法将瓷砖按图铺完；

2）待瓷砖胶干透，瓷砖与模具表面完全粘贴紧固之后，将裁剪好的软胶条（胶条宽度大于瓷砖缝1mm）嵌入瓷砖缝；

3）将搅拌好的胶砂平铺在瓷砖背面，厚度3mm，不能漏到瓷砖缝和模具表面，否则，清洁困难，容易损坏瓷砖表面。

3. 浇筑混凝土

待胶砂铺好30min后，将上好保护层的钢筋笼轻放入模内，将模具旁板拼装好开始浇筑混凝土，用35mm振捣棒平放在混凝土表面，均匀振动混凝土，直至混凝土浇筑完毕。注意控制胶砂铺设时间，否则会使瓷砖偏离位置，同时振动混凝土时一定要在混凝土表面振动，防止损坏瓷砖。

4. 勾缝

待混凝土达到起吊强度后拆除模具旁板及活动块，首先用平衡架将产品从模内吊起并垂直存放于存放区；然后将瓷砖缝间胶条拉出，并将瓷砖缝间的胶砂勾除干净，用清水将瓷砖表面纸皮清洗干净；最后用搅拌好的填缝剂按要求勾好瓷砖缝，待填缝剂干后将瓷砖表面清洗干净。

5. 养护

白天每隔2h淋水养护一次，共养护4天。

6. 保护

养护完成后，用容易清洗掉的白纸贴在瓷砖表面，防止预制外墙在运输安装过程中瓷砖被污染和损坏。

该技术运用成熟，在香港建筑工业化项目中，瓷砖以及GRC装饰材料运用得较为广泛。另外，在琉璃瓦和金属幕墙等"反打工艺"室外装饰一体化技术方面也进行了一些研究（图6.1-1、图6.1-2）。

图 6.1-1　"反打工艺"应用于瓷砖构件（左）与 GRC 构件（右）

图 6.1-2　"反打工艺"在琉璃瓦（左）与金属幕墙（右）的研究

6.2　整体预制卫生间一体化装修技术

预制卫生间内部装修工序也开始在预制构件工厂完成。经过多次工程生产试验发现，在工厂内装饰的整体预制卫生间比传统的后装饰式卫生间防水效果更优，整体性更好（图 6.2-1）。

其工艺流程如图 6.2-2。

卫生间产品在装修前放在自主研制的水平存放架上，通过调节水平存放架上的微调装置保证卫生间产品的水平，再用水泥砂浆进行结构找坡，坡度朝地漏方向。上述步骤完成后即可进行后续装修。

卫生间内部装修主要步骤包括装修放线、底台防水、粘贴瓷砖。

图 6.2-1 整体预制卫生间一体化装修

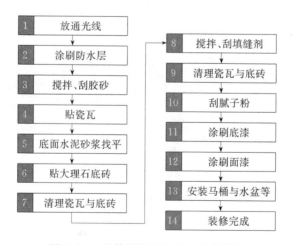

图 6.2-2 整体预制卫生间一体化装修

（1）装修放线：因卫生间的上盖模具底部线是以内胆上刻的水平线为基准的，因此是一条绝对水平的基准线，在装修贴瓦时，卫生间"十"字通线水平线是以顶部底边为基准线平行放出，"十"字线的另一条垂直线是以厕所阴角的直角平行放出，然后以"十"字通线为后续贴瓦的基准线。

（2）底台防水：在铺设地砖之前，务必先做好底台防水，铺设地砖时要保证砖面的泄水坡度（坡度朝向地漏，一般以1％左右为宜）。

（3）粘贴瓷砖：铺设地砖时要注意与墙砖通缝、对齐，保证整个卫生间的整体感，以免在视觉上产生杂乱的印象。

粘贴内墙砖时，应按照墙面控制线先贴两端，从最下线的上一层开始铺贴。将调和好的砂浆用带齿灰铲铲成斜45°角（瓷砖与砂浆粘结强度大，瓷砖不易下滑）均匀的刮在内墙砖上，然后将瓷砖贴在墙面上，用橡皮锤轻轻敲击使其与墙面结合，再取下检查是否有缺浆不饱和之处，如有缺浆，必须填满（此步骤可有效保证内墙砖与墙面的粘合更加牢靠，防止空鼓和脱落），最后橡皮锤敲击使内墙砖与墙面粘合，而后根据水平控制线依次粘贴。为了避免贴好后的内墙砖受温度和湿度的影响，在铺贴瓷砖时预留适当的空隙，将砂浆不饱满处进行填充，保证粘贴牢固。

粘贴阴阳角时，需要将相邻两块瓷砖的相邻边用云石机磨成45°角，才能确保拼合完整、缝隙小。阴阳角的粘贴在铺贴工程中是一项非常细致的工作，需随时用角尺检查粘贴的质量。图6.2-3为瓷砖粘贴工作。

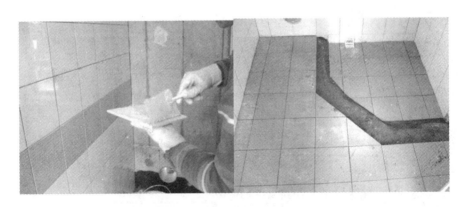

图 6.2-3　瓷砖粘贴工作

内墙砖粘贴好后要用填缝剂勾缝。先将墙面及墙缝清理干净，将调和好的填缝剂依次将砖缝填满，待填缝剂初凝后，将砖缝压实勾匀，最后将墙面擦拭干净。为了保持墙面的湿润，防止砂浆凝结速度过快形成空鼓，还要喷洒适量清水进行养护。

第7章 信息化管理技术

现代建筑行业工业化建造过程特别是管理方面涉及的诸多问题，其一，目前预制构件种类繁多，项目参与方众多，信息分散在不同的参与方手中，在预制、运输、组装的过程中极易发生混淆导致返工；其二，在装配式建筑的施工过程中各个构件的信息难以及时收集、存档，不易查找，各参与方的信息难以共享及交流，导致对整个工程施工进度把握和管理的难度大大增加。其三，对于已经建好的装配式混凝土建筑，各个构件的信息也难以及时收集和处理，经常出现某一个构件的损坏或者不合格导致整个建筑损失的情况。而引进信息化管理技术，将 BIM 和 RFID 技术应用到装配式建筑全寿命周期管理中将有助于这些问题的解决。

7.1 BIM 技术应用于装配式混凝土构件管理

7.1.1 BIM 技术及其原理

BIM（Building Information Modeling）——建筑信息模型，是一种应用于工程设计建造管理的数据化工具，通过参数模型整合各种项目的相关信息，在项目策划、运行和维护的全生命周期过程中进行共享和传递，由建筑产业链各个环节共同参与来对建筑物数据进行不断地插入、完整、丰富，并为各相关方来提取使用，达到绿色低碳化设计、绿色施工、成本管控、方便运营维护等目的。在整个系统的运行过程中，要求业主、设计方、监理方、总包方、分包方、供应方多渠道和多方位的协调，并通过网上文件管理协同平台进行日常维护和管理。BIM 系统管理贯穿建筑物的设计、施工、运营，包含设计方、施工方、建设方等多单位的工作。BIM 技术有以下三个特点：

（1）把作为基本图元元素的每一个建设工程项目中的单一构件组合成一个数据库（Database），数据库中的数据始终保持一致性，且全局共享。

（2）构件的材料信息、几何图形信息等各种信息集合在一起，构成一个含有极其丰富的项目信息的数据化建筑图元。

（3）模型信息是相互关联、动态变化的，只要模型信息有变化，其相关联的所有对象会迅速更新，并且还可以自动生成相应的图形、文档等。

图7.1-1为BIM产业链。

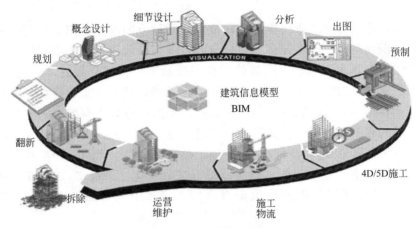

图7.1-1　BIM产业链

7.1.2　BIM 技术应用于装配式混凝土建筑构件管理

（1）BIM建模标准化

工业化住宅房型简单、单元规整，采用BIM技术可比较容易的实现模块化设计和构件的零件库建立，这使得BIM建模工作的难度大大降低，出图效率大大提高。对比过往工程，各工程之间预制件种类有所不同，外立面变化丰富多彩，不但导致了预制构件外观变化多端，更是在模具成本上难以控制。而住宅产业化的目的是为了加快施工速度，提高建筑质量。从而看出，想要实现像制造汽车一样生产房屋件的一个前提就是，产品的标准化、设计的标准化。

香港公屋项目，经过数十年的研究探索，不断积累经验，贯彻落实标准化设计理念，对预制件的结构、外观、水电以及生活功能等几大领域进行了深入研究，并最终形成了一套完整的设计、施工体系。

图7.1-2～图7.1-5所示为针对房屋署公屋项目，利用BIM相关软件，建立完成的四套标准户型，其基本囊括了项目的所有户型。在今后的项目中，如设计方无特殊修改及要求，理论上是可以实现将以下四种户型，按照平面设计图纸直接拼装衔接，从而组成项目楼体BIM模型，

实现进一步的信息规整及提取等。这种标准化的设计，无形中大大推动了住宅产业化的快速发展，成为产业化进程中，非常重要的一个环节。

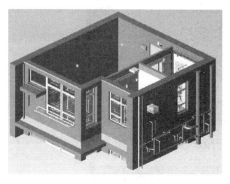

图 7.1-2　1/2 人单位（A 型）
实用面积：14m^2

图 7.1-3　2/3 人单位（B 型）
实用面积：21m^2

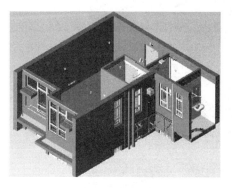

图 7.1-4　3/4 人单位（C 型）
实用面积：30m^2

图 7.1-5　5/6 人单位（D 型）
实用面积：39m^2

（2）产品拆分直观化

通过 BIM 技术的应用，使得预制单元在拆分阶段完成了由二维拆分到三维拆分的转变。这让我们在今后的工程拆分工作中，思路更加清晰、直观，能够主动完成优化与避免错误，这也让方案有了较多的拓展空间。图 7.1-6～图 7.1-8 为产品拆分直观化。

1）在项目初期，工程师结合项目图纸，利用 BIM 相关软件，对项目楼体进行初步三维建模，分析设计师设计原则，并对不同功能的墙体或单元进行不同颜色处理以便区分，为之后的拆分设计做好准备。

2）针对结构特点与拆分原则，用不同的颜色区分结构与非结构部分，

图 7.1-6　产品拆分直观化（一）

图 7.1-7　产品拆分直观化（二）

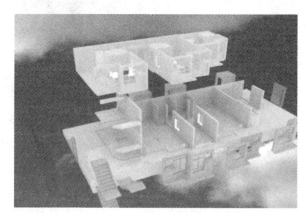

图 7.1-8　产品拆分直观化（三）

明确其上下层关系，对比整体及设计拆分方案，意在满足项目生产、施工要求的同时，对结构及设计进行深化与优化，利用三维直观的模拟建模，寻找可能出现的问题。

3）在项目中明确户型的种类，并对不同户型进行构件设计及细节优化，针对预制件在安装过程的连接方案及节点进行专项设计，与此同时设计与配套可能需要的安装配件，将其同步加入到三维模型当中。

（3）产品外观模块化

在直观主动的拆分下，还应该对产品的外观进行合理的优化与改进，结合生产需要、结构需要、安装需要以及使用功能等需要，分别对其进行深化设计，在满足要求及项目结构特色的同时，也节约了生产所需成本，避免了在项目实施过程中可能出现的问题，做到先知先觉，防患于未然。这不但从侧面在产品质量上取得了进一步的提升，更是在成本管控上实现了较为直观的经济效益。图 7.1-9 为预制外墙。图 7.1-10 为预制卫生间。

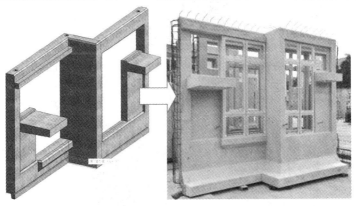

图 7.1-9 预制外墙

图 7.1-10 预制卫生间

（4）安装配件标准化

当主体设计方案完成后，标志着安装、机电、钢筋等图纸的绘制工作正式开始。那么在安装图绘制过程中，不但应该绘制传统的二维平面图纸，更是应该实现三维安装图的制作。实现对安装所需要的配件进行标准建模，且加入到 BIM 模型当中，并自动生成传统的二维图纸，添加安装配件的尺寸及位置信息，为现场施工人员提供可靠的坐标位置。让其具备更加直观与便捷的检测安装需求，避免配件与配件之间、配件与墙体之间的碰撞问题。

1）用 BIM 技术建立标准的配件模型（图 7.1-11～图 7.1-13）

图7.1-11　房屋署拖鞋配件模型　　图 7.1-12　调平码及七子码　　图 7.1-13　可调斜撑杆

2）标准配件添加到 BIM 模型当中（图 7.1-14）

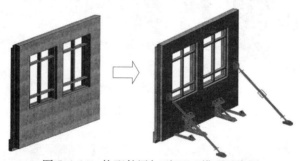

图 7.1-14　构配件添加到 BIM 模型示意图

3）在三维模型的基础上，利用 BIM 技术自动生成安装平面图（图 7.1-15）

（5）钢筋模拟化

在建筑产业化当中，钢筋沿用着传统的平面表示方法，对于现场的施工人员而言，需要一定的理论知识与想象能力，现应用 BIM 的可视化，已做到在图纸中配以三维钢筋图来辅助现场生产，保证钢筋绑扎方式、开料形状等一系列工作。在预制件钢筋结构设计中，利用 revit 及相关插件可以做到钢筋的自定义与快速成型。不但加快了钢筋绘制的速度，更是减少了因传统绘制钢筋而出现的错误。

图 7.1-16 为 BIM 技术-钢筋模拟。

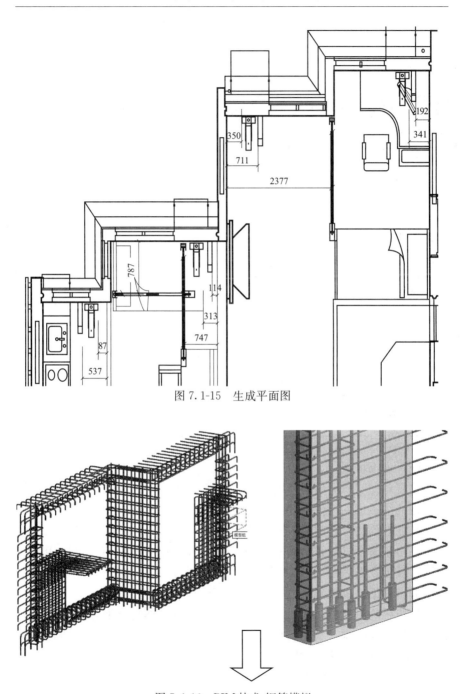

图 7.1-15　生成平面图

图 7.1-16　BIM 技术-钢筋模拟

钢筋明细表					
A	B	C	D	E	F
族与类型	数量	钢筋长度 （mm）	总钢筋长度 （mm）	钢筋体积 （cm³）	钢筋成本（元）
钢筋:8 HRB33	8	2208	17661	887.75	62.732972
钢筋:8 HRB33	4	2208	8831	443.88	31.366486
钢筋:10 HRB3	1	1120	1120	88.00	3.979933
钢筋:10 HRB3	1	1120	1120	88.00	3.979933
钢筋:10 HRB3	1	1120	1120	88.00	3.979933
钢筋:10 HRB3	1	1120	1120	88.00	3.979933
钢筋:16 HRB3	1	1120	1120	225.29	3.979933
钢筋:16 HRB3	1	1120	1120	225.29	3.979933
钢筋:16 HRB3	1	2780	2780	558.95	9.87456
钢筋:16 HRB3	1	2780	2780	558.95	9.87456
钢筋:16 HRB3	1	2780	2780	558.95	9.87456
钢筋:16 HRB3	1	2780	2780	558.95	9.87456

图 7.1-16 BIM 技术-钢筋模拟（续）

（6）内部可视化，节点清晰化

可视化即"所见所得"的形式，BIM 提供了可视化的思路，让人们将以往的线条式的构件形成一种三维的立体实物图形展示在人们的面前，是一种能够同构件之间形成互动性和反馈性的可视，在 BIM 建筑信息模型中，由于整个过程都是可视化的，所以可视化的结果不仅可以用来效果图的展示及报表的生成，更重要的是，项目设计、建造、运营过程中的沟通、讨论、决策都在可视化的状态下进行。

在传统的图纸中，有时我们需要对比多重大样与立面才能确定复杂部位的形状与结构，为工程师及施工人员带来了一定的进程障碍，现应用 BIM 的可视化功能，可以较为有效地表达任何部位的视图，还原真实物体的形状，这为工程进度与降低失误提供了有力的保障，并为信息的传递搭建了零障碍的桥梁。

图 7.1-17 为内部可视化。

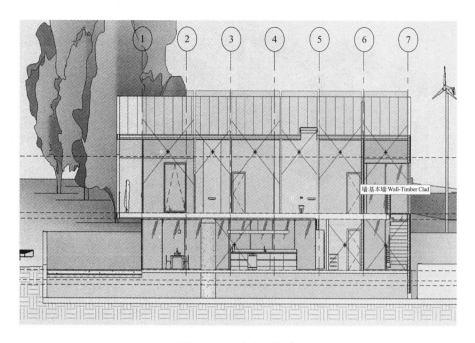

图 7.1-17　内部可视化

（7）出图丰富可靠化

BIM 并不是为了出大家日常多见的建筑设计院所出的建筑设计图纸，及一些构件加工的图纸。而是通过对建筑物进行了可视化展示、协调、模拟、优化以后，可以帮助业主出如下图纸（图 7.1-18）。

1）综合管线图（经过碰撞检查和设计修改，消除了相应错误以后）；

2）综合结构留洞图（预埋套管图）；

3）碰撞检查侦错报告和建议改进方案。

BIM 在世界很多国家已经有比较成熟的标准或者制度。经过反复研究，在 BIM 相关软件的出图工作上，制定了自己的 BIM 出图方案，添加了混凝土方量及钢筋重量，规范了图框形式，做到了在原有图纸基础上对内容的进一步丰富与完善。

（8）真实模拟化

通过动画与效果图的模拟，可以在工程投标阶段为企业带来更强的竞争力，亦可以更好地展示企业的生产、安装模式及先进技术，拉近彼

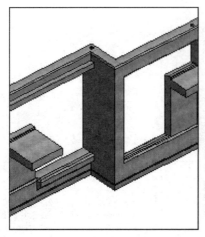

矢石

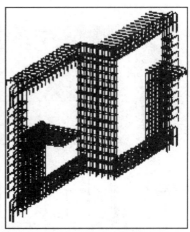

钢筋

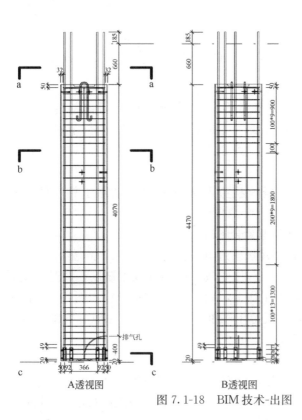

A透视图

B透视图

构件三维图

图 7.1-18 BIM 技术-出图

此之间的距离。不仅如此，在特殊实验及样板房搭建的过程中，通过三维建模及动画模拟更是能做到方案的优化确认，提前预见不合理及错误的步骤及方式，避免经济损失，保证安装顺利。图 7.1-19 为 BIM 技术-真实模拟。

图 7.1-19　BIM 技术-真实模拟

模拟性并不是只能模拟设计出的建筑物模型，还可以模拟不能够在真实世界中进行操作的事物。在设计阶段，BIM 可以对设计上需要进行模拟的一些东西进行模拟实验，例如：节能模拟、紧急疏散模拟、日照模拟、热能传导模拟等；在招投标和施工阶段可以进行 4D 模拟（三维模型加项目的发展时间），也就是根据施工的组织设计模拟实际施工，从而确定合理的施工方案来指导施工。同时还可以进行 5D 模拟（基于 3D 模型的造价控制），从而实现成本控制；后期运营阶段可以模拟日常紧急情况处理方式的模拟，例如，地震人员逃生模拟及消防人员疏散模拟等。图 7.1-20 为 BIM 技术-模拟。

BIM 的应用可以贯穿预制装配式建筑的设计、深化设计、构件生产、构件物流运输、现场施工以及物业管理等建筑的全生命周期。非常适合建筑工业化的推广应用，而且相对投入的成本较低，应用产出的效能较高，通过 BIM 技术大大提高产业化建筑建设过程整体的管理水平，在不断地实践过程中为企业带来了巨大转变与实质利益。

图 7.1-20　BIM 技术-模拟

7.2 RFID 技术应用于混凝土预制构件全寿命周期追踪管理

7.2.1 RFID 技术及其原理

RFID 即无线射频识别技术，是一种不需要识别系统与特定目标之间建立光学或者机械接触就能够通过无线电波识别特定目标并显示其所包含的相关信息的无线电波通信技术。RFID 系统由应答器、阅读器和应用系统组成。RFID 技术主要有 3 个特点。

（1）非接触式的信息读取，不受覆盖物遮挡的干扰，可远距离通信，穿透性极强；

（2）多个电子标签所包含的信息能够同时被接收，信息的读取具有便捷性；

（3）抗污染能力和耐久性好，可以重复使用。

图 7.2-1　RFID 读写器和标签

RFID 读写器（图 7.2-1）是连接数据管理系统和 RFID 标签的重要部件，读写器通过向识别区域发射射频能量，形成电磁场，RFID 标签通过该区域时被激发，将信息传送至读写器。同时，读写器也可以向标签发送信息，改写标签中的数据。读写器的主要功能包括，实现与标签之间的数据通信以及借助网络连接向数据管理系统中传送识别信息。图 7.2-2 为 RFID 系统原理示意。

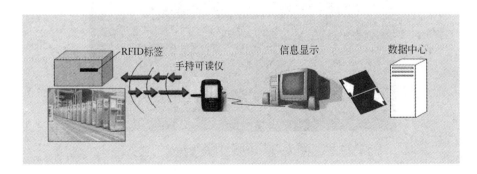

图 7.2-2　RFID 系统原理示意

7.2.2　RFID 技术应用于构件追踪管理

（1）预制构件生产阶段

　　预制构件生产时将 RFID 标签安装在构件上（图 7.2-3），即在混凝土浇筑前将 RFID 标签用耐腐蚀的塑料盒包裹好，然后将其绑扎于预制外墙或预制楼板近保护层钢筋上，最后随混凝土的浇筑永久埋设于预制构件产品内部，埋设深度为混凝土保护层厚度。

　　RFID 标签主要记录生产厂家、生产日期和记录产品检查记录等基本信息，检查记录主要包括模具、钢筋笼、铝窗、预埋件、机电、产品尺寸、养护、瓷砖以及出货检查等 10 项内容。同时也应记录与设计图和施工图相对应的构件产品编号（ID），这个产品编号是构件所独有的，这也是构件今后能够被识别的基础。同时，根据之前所进行的各阶段所需信息分析，结合合适的编码原则，将构件信息以编码的形式输入 RFID 标签，而 RFID 标签则成为构件的"身份"象征。

　　具体标签信息录入步骤：根据预制构件生产过程分阶段录入标签信息，即包括落混凝土前录入、检验阶段录入、成品检查阶段录入及出货阶段录入，主要输入预制构件产品编号、生产日期和产品检查记录等信息，信息输入完后，将其上传到服务器，完成录入操作。当厂内生产过程中遇到检验不合格的情况时，立即在监理检验阶段录入不合格数据信息上传至服务器，然后进行返工或者报废处理。图 7.2-3 为 RFID 标签绑扎。

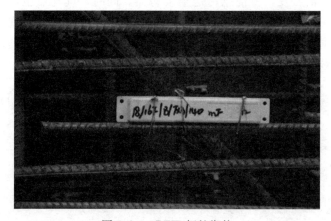

图 7.2-3　RFID 标签绑扎

（2）预制构件运输阶段

　　在此阶段，运输管理人员持装有 RFID 读写器和 WLAN 接收器的 PDA 终端，读取 RFID 中预制构件基本出厂信息，核对构件与配送单是否一致，编写运输信息，生成运输线路，并连同运输车辆信息一并上传至数据库中，运输车辆应安装 GPS 接收器和 RFID 阅读器，这样施工单位可以通过信息系统中的数据库，将构件与运输车辆对应上，又可通过 GPS 网络定位车辆，即可同时获得构件的即时位置信息。图 7.2-4 为构件运输追踪。

图 7.2-4　构件运输追踪

（3）预制构件进场堆放阶段

为实时掌握预制构件的到场情况，在施工现场的入口处安装门式阅读器，以便在运输车辆进入施工现场后，第一时间读取预制构件信息，然后制定或调整施工计划。预制构件在进行装卸时，可在龙门吊、叉车等装卸设备上安装 RFID 阅读器和 GPS 接收器，这样，施工方便，可实时定位构件的装卸地点和移动位置。构件卸放至堆场后，堆场中需要设置 RFID 固定阅读器，读取每个构件信息，将构件与 GPS 坐标相对应，根据阅读器的读取半径，规划阅读器安装位置，以保证堆场内没有信号盲区。这样，施工方可通过信息系统，观测到构件的实时定位信息，实现构件位置的可视化管理。根据施工计划，需要提前在堆场中找到目标构件，堆场管理人员可再通过网络，利用装有 RFID 阅读器和 WLAN 接收器的 PDA 终端，快速、准确寻找到构件，并可读取 RFID 标签中构件基本信息，与目标构件信息比较，确认是否为该构件。图 7.2-5 为构件堆放追踪。

（4）预制构件安装阶段

RFID 技术不仅能够实现构件实时定位，还能对构件安装进度和质量进行监控。由于每个构件在安装时都会同时携带与其对应的技术文件和 RFID 标签，安装工程师可依据技术文件和 RFID 标签中的信息，将构件与安装施工图对应起来，RFID 标签中应包括构件编号、连接工程项目编

图 7.2-5 构件堆放追踪

号、计划完成时间、连接工程技术标准等基本信息。在每道工序节点完成后,通过 RFID 读写器将安装情况(进度、质量信息)写入 RFID 标签,并通过 WLAN 网络上传至数据库中。这样,每个构件安装的进度情况和质量检查结点的情况便可实现实时更新。

另外,安装工程师和质量检查人员可以利用 PDA 掌握 RFID 标签中的进度和质量信息,当工人完成构件连接和安装后,工程师将构件的实际安装情况与技术图纸相对比,确认构件临时支撑支护情况、浇筑情况、焊接连接点或螺栓连接点处连接情况等,判断构件安装进度,检查安装质量是否符合施工规范和要求。若符合要求,可用 PDA 连接 WLAN 网络,将构件连接完成后的各项基本参数、完成时间等上传至数据库,若未完成,则将安装过程中出现的问题上传至数据库。图 7.2-6 为构件安装追踪。

7.3 装配式建筑中 BIM 和 RFID 的结合

BIM 与 RFID 的配合可以很好地解决信息孤岛问题,在设计阶段 BIM 模型的出现可以很好地对各专业工程师的设计方案进行协调,同时对方案的可施工性和施工进度进行模拟,解决施工碰撞等问题。另外,将 BIM 和 RFID 配合应用,使用 RFID 进行施工进度的信息采集工作,及时地将信息传递给 BIM 模型,进而在 BIM 模型中即时表现实际与计划的偏差,如此,可以很好地解决施工管理中的核心问题——实时跟踪和风险控制。

RFID 与 BIM 相结合的优点在于信息准确丰富,传递速度快,减少

图 7.2-6 构件安装追踪

人工录入信息可能造成的错误，如在构件进场检查时，甚至无须人工介入，直接设置固定的 RFID 阅读器，只要运输车辆速度满足条件，即可采集数据。

RFID 与 BIM 相结合技术已成功应用于中国香港元洲村五期、启德 1A 停车场和沙田 52 区三期及四期等建筑工业化项目，在项目工程的管理上发挥了重要作用，效果良好。

第8章 质量与成本管理

　　建筑工业化是我国实现可持续发展的必经之路，产业基地建设需立足国际建筑工业化领域的技术前沿。从事我国香港建筑工业化预制构件生产20多年，通过引进、消化、吸收和独立创新，在产业基地建设和运营管理方面形成了若干技术和管理经验。本章重点介绍质量和成本管理技术。

8.1 质量管理

8.1.1 设计、生产、施工一体化

　　设计、施工一体化是建筑行业国际上普遍实行的工程承包方式。该方式能减少多方配合协调带来的麻烦，有利于控制工程质量，有利于提高效率缩短工期，有利于节约综合成本。设计施工一体化，即在运营管理方面，由施工总包单位根据建筑方案完成施工图设计与施工。

　　目前我国建筑行业没有全面推行设计施工一体化的主要原因是防止施工单位为了自身经济利益而偷工减料，但由于设计与施工彼此专业知识认识不够，导致设计与施工配合没有达到最优化。假如管理体制完善，设计、施工一体化能够规避偷工减料等问题，工程质量也能得到保证。

　　香港建筑工业化普遍实现设计、生产、施工一体化，即总承包商承担建筑工业化项目的设计、生产、施工，具体内容如图8.1-1所示。

图 8.1-1　设计、生产、施工一体化示意图

　　在项目实施过程中，由总承包单位内部整合资源，组织建筑工业化

项目的设计、生产、施工。

设计方面，根据业主和顾问公司提供的预制构件的方案设计，由产业基地完成深化设计和结构设计；生产以及一体化装修方面，均独立完成；施工方面，由总承包单位主导，产业基地配合。

通过以上形式，将建筑工业化项目实现设计、生产、施工一体化，更加优化产业链，节省成本。具体施工过程中，基于 BIM 技术指导设计和生产、安装，基于 RFID 技术对预制构件实施跟踪监测，实现构件精细化管理。

在质量控制方面，设计图纸由香港特区政府部门屋宇署审图公司严格把关，构件生产及安装由业主委派监理和顾问公司对各个环节控制。设计、生产、施工一体化从建筑全寿命周期方面着眼，有利于成本优化和提高质量，从而有利于推动建筑工业化产业链的健康发展。

8.1.2 基于 PASS 制的质量管理体系

在运营管理过程中，基于 PASS 制推行质量控制，层层把关，确保出厂产品符合要求。图 8.1-2 为质量管理体系。

下面简单介绍中国香港 PASS 制度。

PASS 评分制度是香港房屋署工程的最大特色。PASS，是 Performance Assessment Scoring System 的简称，意为"承建商表现评分制度"，是一套客观量度承建商（Contractor）表现的计分制度。PASS 主要针对各项目的表现来评分，根据不同的施工阶段共分三类评分：（1）在建工程季度评分；（2）工程竣工阶段评分（Final PASS）；（3）维修保养期评分。由于一家承建商可能有多个不同施工阶段的工程项目，因此，代表该公司整体表现的每季度综合评分（PASS Composite Score）是以过去连续 12 个月（四个季度）内不同阶段的平均分，分别乘以固定系数，所得出来的总分。

PASS 评分对香港房屋署工程承建商来说，意义重大。自 1999 年 9 月开始，香港房屋署正式施行《综合评分投标策略》，将 PASS 评分结果直接引入投标的计分制度内，各投标者的标价和其 PASS 评分比例为 80：20，PASS 表现良好的承建商将在投标方面占有优势。

为保障 PASS 评分公平公正，香港房屋署特别成立独立的 PASS 审核小组[PASS Assessment Team（PAT）]，以别于直接监管各工程的项目组[Project Team（PT）]。PAT 负责对不同承建商的各个项目进行评审，PT 负责对其所在项目进行评审。PAT 负责每个季度两个月的结构和现场装饰工作评审以及一个月的安全评审工作，其余由 PT 负责。

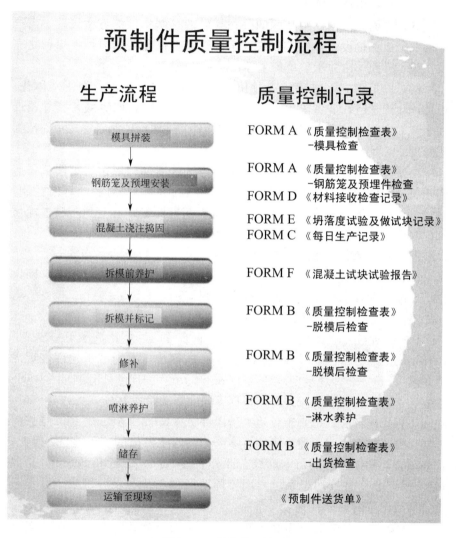

图 8.1-2　质量管理体系

Final PASS由 PAT 负责，维修保养 PASS 由 PT 负责。以下为不同施工阶段 PASS 评分内容：

（1）在建工程季度评分（占总分评分 65%）

主要包括两类：工作表现评审（work assessment）占 70%；一般表现评审（general assessment）占 30%。工作表现评审为每月一次现场评分，包括结构和装修，简要罗列如下：

√ 结构工作评审。

√ 钢筋：对钢筋工人手工艺及是否按图施工所进行的现场检查。

√ 模板：对模板质量，是否按图施工以及清洁等事宜的审核。

√ 混凝土：对混凝土质量如起级、黄蜂洞、走浆、移位、预留洞口的检查。

√ 建造质量：检查记录如对混凝土试块、钻心试验试压结果，混凝土养护和拆板时间等的检查。

（2）装饰工作评审（architectural works assessment）

从开始装修工作至工程结束，每月都会进行现场评审工作，检查内容包括：地台、内墙装修、外墙装修、天花、门及五金、窗户、管道、组合构件、预制件、防水、栏河等数十个项目。检查数量相当丰富，反映了 PASS 的覆盖面极为广泛和细致。

（3）一般表现评审每个季度进行评审一次，包括四类：

√ 计划与进度	10％
√ 管理资源投入	5％
√ 环境及一般责任	5％
√ 安全 safety	10％

（4）装饰工作（最终评审）

装饰工作（最终评审）是香港房屋署每个项目的装饰工作手工艺和最终完成面的一次性检查。在完工证书颁发前后，PAT 会连同项目组的监工以及承建商代表，一起对 13 个主要项目展开检查，当中 9 个项目与在建中的装饰评审内容相同，防水项目取消，加入车路、人行道、清洁和保护、最终检查记录等 4 个主要项目。Final PASS 一般历时 1～2 周时间，final PASS 期间，装饰基本完成，可修补缺陷不多，承建商需制定相应的 PASS 策略，尽可能多得分、少失分。

（5）维修保养期评分（占综合评分 10％）

工程取得完工证书之后会进入为期 2 年的维修保养期，有关的评审每季度进行一次，主要分为 3 类：

√ 未完工作	30％
√ 修补缺陷工作	30％
√ 管理、联络及文件处理	40％

预制构件生产过程中，对原材料混凝土、钢筋、配件分别进行检测，需满足规范要求才可以进行生产。成品构件进行钢筋位置、保护层检测，并进行构件强度测试，确保预制构件出货质量（图 8.1-3～图 8.1-5）。

图 8.1-3　原材料质量控制

图 8.1-4　专项检测

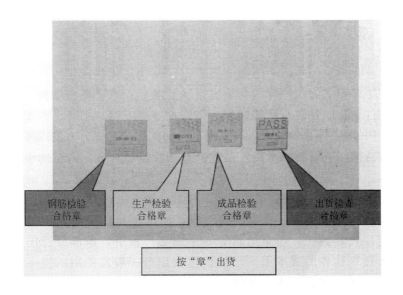

图 8.1-5　出货标识

8.2　成本分析

建筑成本包括建造成本和后期使用维护成本。与传统建筑相比，工业化建筑建造成本较高，但后期使用维护成本较低，合理的选择工业化方案将有助于降低建筑全寿命周期的综合成本。通过分析中国香港地区工业化建筑相比传统建筑成本增量与减量，提出不同的装配式结构体系与不同的预制率情况下，采用质量较好、成本最优的设计方案，并通过香港公营房屋与私营房屋的实际项目进行分析验证。

传统建筑建造成本主要由直接费（含材料费、人工费、机械费、措施费）、间接费（主要为管理费）、利润、税金等组成；后期使用维护成本主要包括公用部位和设施的维护、更换，改造等费用，以及房屋本体的加固、装饰、检修等费用。

采用不同的装配式结构体系、标准化程度以及建设规模等，工业化建筑与传统建筑会出现较大的成本差异，但两者成本差异构成要素基本不变。相比传统建筑，工业化建筑成本增量主要包括材料费用、工厂预制费用、运输费用、现场安装费用；成本减量主要来自于工期缩短、人工减少、资源能源消耗减少以及后期使用维护成本降低带来的费用。

8.2.1　成本增量

（1）材料费用：钢筋、混凝土、建筑辅材。

工业化建筑因外墙采用钢筋混凝土预制构件代替传统的砌体，楼板因施工工序要求而加厚等，会导致钢筋及混凝土方量稍有增加。同时为保证构件正常的安装及建筑性能，需增加连接套筒、吊环、预埋件、防水胶、PE胶条等建筑辅材。当采用不同预制部位、拆分方案以及节点做法，将直接影响材料的费用，因此合理选择设计方案，将有助于降低材料成本。

（2）工厂预制费用：工厂投资、模具、增值税。

预制构件生产需要在工厂内完成，而工厂从前期规划用地到采购设备建厂，再到工厂正常运营等一系列工厂投资，该部分费用将均摊到各个预制构件的成本里。与传统建筑建造一般常使用木模不同，工业化建筑采用钢模具生产预制构件，而钢模在一定规模内费用比木模高。构件的种类和数量将直接决定模具的套数和周转次数以及工厂设备的重复利用。另外，预制构件属于工业化产品，本质属于商品，需缴纳17%的增值税，也会导致工厂预制费用增加。因此，当工业化建筑采用模数化，通过标准设计，大规模批量生产将会大幅降低工厂预制费用。

（3）运输费用：运输距离、构件重量、构件尺寸。

预制构件从工厂运输到项目施工现场，运输费用受运输距离及构件重量、大小的影响。距离越短、单次运输构件越多，运输费用越少。因此，在构件拆分设计时需充分考虑构件的重量和大小。一般运输距离在200km以内较为经济。

（4）现场安装费用：塔吊、临时支撑。

预制构件的安装需使用塔吊将其吊运到指定位置，之后借助临时支撑来辅助构件的固定，从而导致施工措施费的增加。合理地布局塔吊位置，选择常用的支撑型号将有利于设备的重复使用以及回收，进而降低工业化建筑的现场安装费用。

8.2.2　成本减量

（1）工期缩短

工业化建筑因构件只需在现场安装即可，且基本不受天气影响，保证了施工计划的有效实施。部分装修在工厂内完成，也能缩短装修工期。因此，工业化建筑相比传统建筑施工效率大幅提升，能有效地缩短项目的建造周期，减少资金投入，加快资金周转。一般预制率越高，工期缩短越明显。

（2）人工费减少

预制构件采用钢模生产，通过工厂自动化流水线操作，内外构件墙表面平整度高，可以免除传统建筑的抹灰工序，相应地减少了材料费和人工成本。另一方面，构件中的预埋件、机电开孔、管线、铝窗、外立面装饰及室内装修等可根据业主需求在工厂内进行预制，也可大幅减少装修时的人力成本。一般预制率越高，人工费减少越多。

（3）资源能源消耗减少

预制构件部分不需要现场支模板、绑扎钢筋、浇筑混凝土等传统建造工序，从而节省爬架、脚手架费用和预制部分模板费用，减少现场湿作业和建筑废料，降低施工成本，进而减少资源能源消耗，建造方式更加节能、低碳、环保。

（4）后期使用维护成本降低

预制构件在工厂内批量生产，质量可靠，能有效地解决传统建筑墙体开裂与漏水问题，节省使用期间的建筑加固、装饰、检修等维修费用，后期使用维护费用将大幅降低，提高了住户的使用体验。

8.2.3 建筑全寿命周期的综合成本

对于一般建筑面积不大于 5 万 m^2 的中国香港工程项目，工业化方式比传统现浇方式的建造成本稍有增加。当项目规模化之后，模板、模具等方面对工业化成本的影响将减小，建造成本增量也随之减小，甚至持平。根据香港理工大学针对香港公营房屋的维修信息的分析，工业化项目每年建筑加固、装饰、检修等维修费用比传统住宅项目节省港币 5.5/m^2。按建筑寿命 50 年计算，共节省维修费用为港币 280/m^2。若从建筑全寿命周期看，工业化项目达到一定规模后，在建筑质量更优、更加环保的基础上，整个项目的综合成本有可能比传统项目更低。

8.3 方案选择

随着人们生活水平的不断提高，建筑物的功能不仅仅是满足居住要求，还追求更高的审美与品质，因此建筑物大多数是独一无二的。然而从成本考虑工业化建筑提倡使用标准化构件，如何解决构件的标准化与建筑物的个性化之间的矛盾呢？

设计人员通过紧密协作，采用几种简单的标准化构件的自由组合，立面造型的合理搭配运用，从而在建筑使用功能和审美要求之间达到合理的平衡点。在方案设计阶段，首先应根据建筑功能确定结构体系，其次从建筑成本考虑确定合适的预制率，最后确定预制构件的类型以及拆分情况。

8.3.1 结构体系的选择

建筑功能往往决定一定的建筑高度和空间布局，不同的建筑高度和空间布局对应于某种适宜的结构体系，因此，工业化建筑应根据建筑的功能选择合适的装配整体式结构体系。表 8.3-1 列举了常用的工业化建筑适用的装配整体式结构体系（表 8.3-1）。

常用的工业化建筑适用的装配式结构体系对照表　　　表 8.3-1

工业化建筑	装配式结构体系
教学楼、办公楼、酒店、医院、宿舍	装配整体式框架结构、 装配整体式框架-现浇剪力墙结构、 内浇外挂结构体系
体育馆、图书馆、车库	装配整体式框架结构、 内浇外挂结构体系
商品住宅、保障性住房	装配整体式剪力墙结构、 内浇外挂结构体系

8.3.2 预制率的选择

方案设计阶段，选择合理的预制率，对于工业化建筑的建造成本有很大的影响。在香港地区，采用工业化建造方式时特区政府在政策上给予一定支持。另一方面，香港建筑工人人工费用昂贵，采用工业化建造方式能节省人工，缩短工期，有利于节省建造成本。从成本、环保、社会状况等方面考虑，私营房屋一般采用预制率 15％左右，公营房屋一般采用预制率 20％～30％。以下是选择不同的预制率对建造成本的影响曲线。

（1）预制率与材料成本关系

工业化建筑的材料成本与预制的部位、构件的款式，以及预制规模等有很大关系。现阶段，采用预制构件相比较传统现浇成本偏高，当预制率提高，预制构件越多，材料成本也就越高（图 8.3-1）。

（2）预制率与工期关系

采用工业化建造施工时，工期随预制率提高而明显下降，且基本不受天气影响，保证了施工计划的有效实施，间接地缩短了施工周期（图 8.3-2）。

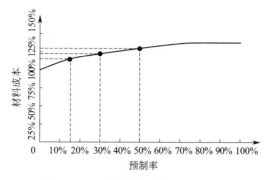

图 8.3-1　预制率与材料成本的关系

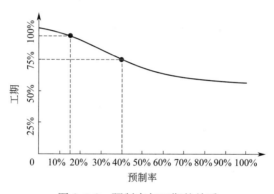

图 8.3-2　预制率与工期的关系

（3）预制率与劳动力需求关系

采用工业化建造施工时，现场劳动力需求随预制率提高而降低，当预制率持续提高时，劳动力下降趋于平缓（图 8.3-3）。

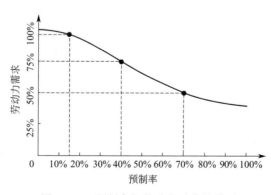

图 8.3-3　预制率与劳动力需求的关系

8.3.3　预制构件类型的选择

中国香港常用的预制构件类型有预制柱、预制梁、叠合楼板、预制剪力墙、预制外墙板、预制楼梯、预制阳台、预制空调板等，另外，还有公营房屋中较普遍的预制整体卫生间、预制垃圾槽等，以及高端住宅中预制 GRC 构件。

8.3.4　中国香港工业化建筑一般方案选择

中国香港私营房屋多数是剪力墙结构，一般采用内浇外挂体系，预制率 15％左右，外墙板预制。采用该种方案，一方面满足特区政府奖励的条件；另一方面又能将工业化建筑材料成本带来的不利影响降到最低，同时也能解决传统现浇方式墙体开裂漏水现象，从而达到效益最大化。

香港公营房屋属于剪力墙结构，一般采用内浇外挂体系，竖向受力构件采用现浇，其余多数构件采用预制，一般预制率为 20％～30％。预制构件有叠合楼板、预制外墙板、预制楼梯、预制整体卫生间、预制垃圾槽等。采用该种方案选择，一方面节省资源、能源，更加环保；另一方面，由于公营房屋单元基本一致，可以大批量生产各种预制构件，包括复杂的异形墙板、垃圾槽、整体预制卫生间等都能重复利用模具，从而达到控制材料成本，减少人工，缩短工期。

香港建筑工人短缺，人力成本高昂，而内地人力成本相对较低，一般差 4～5 倍。香港人力成本与内地的巨大差异，导致在建筑工业化生产过程中，选择利用内地相对低廉的劳动力，是降低建造成本的一个重要因素。目前大部分预制构件在珠三角地区生产，运送到香港施工现场进行安装。方案设计时也应考虑这种成本控制方式可能出现的问题，例如人员交流与培训，当地政府税收政策，构件出口与报关等等问题。

由此可见，采用工业化方式建造的项目，建造成本有一定的增加，但提高了生产效率，缩短工期，促进了资金循环和回收，也解决了日益突出的建筑工人短缺问题。并且工业化方式能有效解决传统现浇方式墙体开裂与漏水问题，建筑质量更优，提供了良好的用户体验，建造方式更为节能、低碳、环保，践行国家提倡的绿色建筑理念。

在实际项目中，工业化建造方式成本影响因素是多方面的，其最终成本并非是某一环节所主导，我们应当以全寿命周期的综合成本来看待工业化建造成本。在未来的工业化项目中应控制设计、生产、施工各个环节，合理设计、高效生产、优化施工，将工业化建设推向规模化，这样才能真正达到工业化建造成本最优，质量最好，资源能源最环保。

随着我国经济发展，环境保护以及人力成本提高，各地政府大力推行绿色建筑，中国香港建筑工业化技术在成本控制和方案选择等方面为我们提供了丰富的经验与借鉴。

8.4 推广应用情况

目前，建筑产业化与工业化生产建造方式的转型升级成为新时期我国建筑行业关注的焦点。中国香港建筑工业化技术的成功应用，给内地建筑行业建筑产业化之路提供了诸多可借鉴的地方。

8.4.1 推广应用情况

这套建筑工业化关键技术先后在中国港澳及内地的 100 多项工程中推广应用，仅房屋工程总建筑面积达到 1200 多万平方米。项目涵盖了香港公营房屋、私营房屋、高端别墅住宅、公共建筑等建筑类型，在大型土木工程中如桥梁、隧道等也有大面积应用，代表了香港建筑工业化整体发展水平。8.4-1 为建筑房屋项目：香港公屋彩云道 3A。图 8.4-2 为土木工程项目：香港昂船洲大桥。

图 8.4-1 建筑房屋项目：香港公屋彩云道 3A

下面结合工程案例，介绍技术应用情况。

8.4.2 工程实例

工程实例一：香港启德 1A 项目

启德 1A 项目是公营房屋项目建设项目中质量、安全及文明施工综合表现最优异的项目之一，获得了中国鲁班奖、中国香港公德地盘奖、安

图 8.4-2　土木工程项目：香港昂船洲大桥

全施工文明金奖等行业内最高奖项，得到政府和行业一致好评。图 8.4-3
为启德 1A 项目一、二期实景图。

图 8.4-3　启德 1A 项目一、二期实景图

该项目由 6 栋 35~41 层住宅、一座配套商场及一个地下停车场组成。其中，住宅每层有 20~24 个单元，单元面积为 $14.05 \sim 37.58m^2$，共 5204 个单元。采用内浇外挂剪力墙结构，预制率约为 30%，预制构件有预制外墙板、叠合楼板、预制楼梯、整体预制卫生间等。停车场采用整体预制框架结构，预制率 90% 以上，预制构件有预制梁、预制柱、预制楼板、预制外墙板等。预制构件于 2011 年 1 月开始生产，生产周期为 16 个月。项目施工为 6 天一层，于 2013 年 7 月竣工。

住宅预制构件采用标准设计，运用现代管理手段将保温、装饰整合在预制构件生产环节中完成，达到构件部品质量好，现场装配式施工速度快，原材料和施工水电消耗大幅下降，劳动强度降低的目的，实现了住宅建设"四节一环保"的要求。

本工程采用整体预制卫生间构件，通过标准化设计和工业化生产最大化利用有限的使用面积，提高卫生间的功能性。从根本上解决了卫生间现场施工工序多、浪费材料等技术难题；整体预制卫生间避免漏水现象的发生，提高了建筑的品质和良好的业主体验。图 8.4-4 为标准层预制构件拆分图。

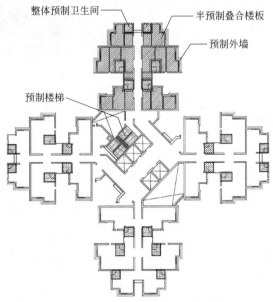

图 8.4-4 标准层预制构件拆分图

停车场采用全预制方式建造，柱底采用钢板螺栓连接，柱子主筋即与钢板直接以焊接方式连接，共同浇筑成型。现场安装时，钢板与预埋在基础的锚栓方式连接。

梁梁段采用 U 形槽连接，预制梁段无外漏钢筋，降低了运输和安装的难度，大幅度地提高了施工效率。

预制楼板钢筋不外漏，不需外伸到梁内，而是一致向内弯曲，现场采用钢筋附加弯曲钢筋搭接。该方式使楼板与梁的连接十分便利，不用考虑钢筋相碰撞的问题，从而大大降低了安装难度，提高了施工效率。

图 8.4-5 为全预制停车场样板安装图。表 8.4-1 为全预制停车场传统现浇方式和工业化方式对比。

图 8.4-5　全预制停车场样板安装图

全预制停车场传统现浇方式和工业化方式对比　　　表 8.4-1

对比项	传统现浇方式	工业化方式	改善情况
工效	1.0t/工日	1.2t/工日	提高工效 20%
工期	90 天	60 天	工期节约 30%
安全	现场支模、钢筋绑扎、浇筑混凝土需高空作业	极大简化了现场施工工序,较少高空作业	安全成本降低
环保	建筑垃圾 500t/万 m²	建筑垃圾 150t/万 m²	减少建筑垃圾 350t/万 m²
	碳排放量 13.7kg/m²	碳排放量 9.0kg/m²	减少碳排放量 4.7kg/m²
品质	现场工作环境差,手工工艺操作多,工人劳动强度大,施工质量难以控制	工厂化流水线操作,机械化程度高,保证了品质的同时,也减少了日后维修的工作量	以工业化形式建造,提高建筑质量
成本	工程需在香港工地现场完成,香港人力成本高昂	预制构件在内地工厂生产,利用内地相对低廉的劳动力	节约成本达 30%

预制构件生产过程中，通过严格的制度管理和高度工厂机械化，在节省材料浪费的同时，产品质量达到了较高的水平。与香港相同规模相

比，工业化建造方式显著提高了经济和环保效益。

工程实例二：天赋海湾项目

　　天赋海湾是香港大埔白石角的一个私营住宅项目，项目共包括 18 座 10 层和 13 座 16 层高低密度海景豪宅，采用内浇外挂剪力墙结构，预制率约为 15%，预制构件类型有预制外墙、阳台、百叶、装饰梁、女儿墙等，总数量为 3718 件，混凝土总方量为 7640m³。该项目所有预制外墙板均采用 GRC 材料与混凝土预制构件整体复合而成，将建筑主体施工与后期外墙装修同步进行，大幅减少建造、装修施工，同时，外墙装饰质量与外观效果更优于传统现浇方式。图 8.4-6 为天赋海湾项目实景图。图 8.4-7 为标准层预制构件拆分图。表 8.4-2 为传统预制外墙与新型 GRC 预制外墙经济效益分析表。

图 8.4-6　天赋海湾项目实景图

传统预制外墙与新型 GRC 预制外墙经济效益分析表　　表 8.4-2

对比项	传统预制外墙＋后挂 GRC 板	整体预制 GRC 复合构件	改善情况
工效	5m²/工日	8m²/工日	提高工效 3m²/工日
工期	22 个月	16 个月	工期节约 6 个月
安全	现场需分别安装外墙板、钢结构骨架及 GRC 挂板	外墙板一次性安装完成	简化施工工艺，减少高空作业，降低安全风险
环保	后挂 GRC 板在地盘现场废料产生率为 3%	GRC 工厂内一次成型，不产生废料	减少 GRC 废料产生
	现场由生产钢材碳排放量为 75kg/m²	无	减少碳排放量
品质	1. 预制外墙与 GRC 构件分别安装，增大了安装误差	整体预制，现场一次性安装，安装精度高	一次成型，一次安装，提升施工质量与外观效果
	2. 后挂 GRC 板需进行拆分，增加接缝数量，影响外观	表面 GRC 为一整体形态，无拼接缝，外表美观大方	
成本	钢结构骨架成本，人工安装成本	节省 GRC 板二次安装成本	节省约港币 600/m²

图 8.4-7　标准层预制构件拆分图

工程实例三：香港理工大学专上学院大楼项目

　　香港理工大学专上学院是香港红磡车站附近的一个公共建筑项目，采用装配式框架结构方式建造，是香港第一座全预制建筑项目。项目占地面积约 4386m²，建筑总面积 26300m²。建筑楼层为 19 层，裙楼为 5 层；项目从 2004 年开始设计到 2007 年 8 月竣工完成，2008 年开始试运营，2009 年正式运营。预制构件有预制梁、预制柱、预制楼板、预制楼梯、预制外墙、预制女儿墙，预制率 90％以上。共 3695 件预制构件，总方量为 4268.9m³。图 8.4-8 为专上学院项目实景图。图 8.4-9 为专上学院项目标准层预制构件拆分图。

　　预制柱为竖向受力构件，采用 C80 高强混凝土，以保证强度要求。通过采用立模生产、大小振动棒共用以及特殊的养护技术等新工艺，确保生产的预制柱内部结构密实、柱面光滑平整，无结构损伤。清水外观且无色差、平整光洁。上下层柱采用现场绑扎钢筋再现浇混凝土的方式，不采用套筒灌浆连接方式。创新性地设计了预制柱安装爬升梯，简化预制柱的安装，保证安装垂直度。

　　通过结构分析，该项目主梁截面 800mm × 550mm，次梁截面

图 8.4-8 专上学院大楼项目实景图

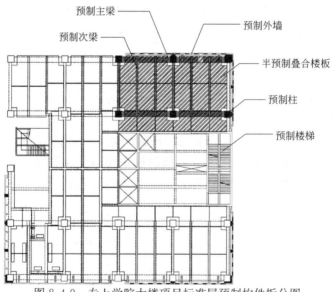

图 8.4-9 专上学院大楼项目标准层预制构件拆分图

300mm 或 400mm × 475mm。主梁预留槽键，预制次梁外漏箍钢筋，保证与预制楼板连接时现浇的整体性。

　　该项目楼板采用叠合楼板和全预制楼板两种，预制叠合楼板厚度为 80mm，全预制楼板厚度为 150mm。叠合楼板上表面拉毛增加表面积，提高与现浇混凝土的粘结强度。全预制楼板则是直接与梁、柱连接，现浇节点区域使之成为一个整体。图 8.4-10 为预制柱、梁、板现场安装图。

图 8.4-10　预制柱、梁、板现场安装图

预制外墙板采用预埋铝窗杜绝了窗边漏水、渗水等问题。另外，为保持香港理工大学标志性绯红色建筑风格，预制外墙在工厂预制成型后，贴好绯红色瓷砖保养后运送至现场，减少传统外墙装修的高空危险作业风险，安全的施工环境提高了瓷砖的粘结强度与整体美观。采用"后装法"，即先安装或现浇筑主体受力构件，再安装预制外墙板，与目前流行的内浇外挂"先装法"相反，节点设计较为复杂。如图 8.4-11 为典型的预制外墙与预制柱节点连接大样。预制柱中预留连接件装置，当预制柱安装完成后，将预制外墙预留 U 形螺杆与预制柱连接件装置相连，待螺母连接紧密后，后浇混凝土填充预制外墙与预制柱之间的节点，使预制件之间紧密连接为一个整体，保证受力构件之间联动受力。

该项目对预制构件质量、外观等均有严格的要求，故在生产过程中采用了多种新工艺、新技术以保证预制构件的顺利生产。同时，预制构件的生产从原材料到成品有一套完整严格的质量监控系统，定期派遣到现场的工程师到构件生产地监督生产情况，对成品出货严格把关。在实施现场安装前，邀请业主、承建商、设计师等到预制构件生产工厂参与项目样板房的安装试验，通过实际模拟查看在安装过程中可能出现的问题，并提前解决，且记录好相应数据参数，以便为现场安装提供数据支持与指导。

该项目基于 BIM 技术，在不同的设计阶段，利用计算机辅助设计，使得业主、设计师、承建商等各方人员都能参加到设计、生产、施工整

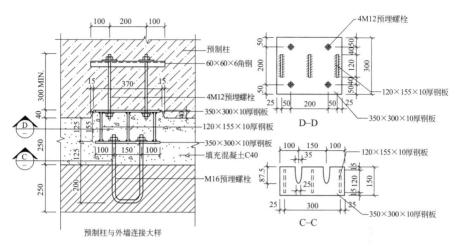

图 8.4-11 预制外墙与预制柱节点连接大样

个工业化产业链，通过仿真模拟使得设计团队、业主和承建商等对装配式建筑有更深入的了解，促使各方配合更加协调紧密，保证项目高品质，高效率的竣工。

本工程采用全预制技术建造，较少湿作业，现场模板，脚手架使用量大大降低，由此带来的经济效益约 400 万港元。原材料在工厂预制可精确计算，并在生产过程中能最大限度地减少材料的浪费，达到材料的高效利用，产生的经济效益约为 800 万港元。该工程获"香港环保建造大奖"，"2008 新建建筑类别优异奖"。

工程实例四：合肥蜀山产业园四期公租房项目

该项目为我国在建项目装配式建筑最大体量的单项工程。共有 25 座大楼，总建筑面积 33.4 万 m²，建设总工期为 390 天。2014 年 7 月，第一批预制构件运送到工地安装，2015 年 5 月完成蜀山四期项目全部生产及安装任务。已于 2015 年 6 月中旬全部完成封顶。

该项目大量采用建筑产业化技术，预制率高达 63%，预制构件形式多样，包括：预制剪力墙、预制内墙、半预制楼面板、预制阳台、预制楼梯等，构件总量共计 66055 件，混凝土总方量 54773m³。图 8.4-12 为项目效果图。图 8.4-13 为实景照片。

随着我国经济社会的发展以及节能低碳环保理念深入人心，粗放式的建筑产业发展方式已不再适应市场发展要求，集约化、专业化、产业化、低碳化是必然的发展方向。建筑工业化具有工程质量高、建造周期短、适用性范围广、建筑寿命长、环保效益显著、性价比较高等特点，

图 8.4-12　项目效果图

图 8.4-13　实景照片

据研究测算，建筑工业化相对于传统建造方式，可以降低能耗 23%，降低水耗 79%，降低模板消耗 81%，降低垃圾排放 91%，另外还可减少占用施工场地面积的 20%。根据研究，建筑产业化可降低 80% 后期维修费用，可减少 99% 外墙渗漏事故，可降低 25% 人工费用，节省 25% 的建造时间。

参 考 文 献

［1］ 首部国家级装配式结构规程出台［J］．建筑结构．2014（06）

［2］ 纪颖波，周晓茗，李晓桐．BIM技术在新型建筑工业化中的应用［J］．建筑经济．2013（08）

［3］ 常海霞．绿色建筑全寿命周期成本控制管理研究［J］．福建建筑．2009（04）

［4］ 刘玉明，刘长滨．基于全寿命周期成本理论的既有建筑节能经济效益评价［J］．建筑经济．2009（03）

［5］ 魏文彪．建筑工程管理与实务［M］．北京：清华大学出版社，2015

［6］ 装配式混凝土结构技术规程［S］．北京：中国建筑工业出版社，2014

［7］ 预制混凝土建造作业守则［S］．香港屋宇署．2004

［8］ 混凝土结构作业守则［S］．香港屋宇署．2003

［9］ 第123A章-建筑物（管理）规例［S］．香港．2004

［10］ 第123B章-建筑物（建造）规例［S］．香港．1997

［11］ 建筑工业化典型工程案例汇编［M］．北京：中国建筑工业出版社，2015

［12］ 香港建筑工业化进程简述［J］陈振基．墙材与建筑节能．2006

后　　记

当前，我国工业化与城镇化进程加快，工业化率和城镇化率分别达到 40％和 51％，正处于现代化建设的关键时期。在城镇化快速发展过程中，我们不能只看到大规模建设对经济的拉动作用，而忽视城镇化对农民工转型带来的机遇，更不能割裂城镇化和建筑工业化的联系。在建筑工业化与城镇化互动发展的进程中，一方面城镇化快速发展、建设规模不断扩大为建筑工业化大发展提供了良好的物质基础和市场条件；另一方面建筑工业化为城镇化带来了新的产业支撑，通过工厂化生产可有效解决大量的农民工就业问题，并促进农民工向产业工人和技术工人转型。在我国建筑业正面临着生产要素成本上升、劳动力与技术工人严重短缺的现实条件下，农民工向产业工人转型将是未来中国经济新的增长点或动力源。从这个意义上看，只有促进新型建筑工业化的发展，实现建筑工业化与城镇化良性互动，才能更好地实现农村人口向城市聚集，才能保证农民工收入增长、生活稳定、工作条件安全，从而支撑整个城镇化进程并促进建筑业健康发展。

现阶段建筑工业化已经进入新的发展阶段，以信息化带动的工业化在技术上是一种革命性的跨越式发展，从建设行业的未来发展看，信息技术将成为建筑工业化的重要工具和手段。主要表现在 BIM 建筑信息模型（Building Information Modeling）技术在建筑工业化中的应用。BIM作为新型建筑工业化的数字化建设和运维的基础性技术工具，其强大的信息共享能力、协同工作能力、专业任务能力的作用正在日益显现。BIM技术的广泛应用使我国工程建设逐步向工业化、标准化和集约化方向发展，促使工程建设各阶段、各专业主体之间在更高层面上充分共享资源，有效地避免各专业、各行业间不协调问题，有效地解决了设计与施工脱节、部品与建造技术脱节的问题，极大地提高了工程建设的精细化、生产效率和工程质量，并充分体现和发挥了新型建筑工业化的特点及优势。针对我国建筑工业化的未来发展，有必要着力推进 BIM 技术与建筑工业化的深度融合与应用，以促进我国工程建设领域的技术进步和产业升级。必须再深刻认识信息化对我国建筑工业化带来的极大影响和挑战。

新型建筑工业化就是将工程建设纳入社会化大生产范畴，使工程建设从传统粗放的生产方式逐步向社会化大生产方式过渡。而社会化大生产的突出特点就是专业化、协作化和集约化。发展新型建筑工业化符合社会化大生产的要求。因为建筑工业化的最终产品是房屋建筑，属于系统化的产品，其生产、建造过程必须实行协作化，必须由不同专业的生产企业协同完成；同时房屋及其产品的建造、生产必须兼具专业化和标准化，具有一定的精细程度和规模化要求。因此，发展新型建筑工业化才能更好地实现工程建设的专业化、协作化和集约化，这是工程建设实现社会化大生产的重要前提。新型建筑工业化发展是一个系统性、综合性、方向性的问题，不仅有助于促进整个行业的技术进步，而且有助于统一科研、设计、开发、生产、施工等各个方面的认识，明确目标，协调行动，进而推动整个行业的生产方式社会化。

建筑业是实现绿色建造的主体，是国民经济支柱产业，全社会50%以上固定资产投资都要通过建筑业才能形成新的生产能力或使用价值，中国建筑能耗约占国家全部终端能耗的27.5%，是国家最大的能耗行业。新型建筑工业化是城乡建设实现节能减排和资源节约的有效途径、是实现绿色建造的保证、是解决建筑行业发展模式粗放问题的必然选择。其主要特征具体体现在：通过标准化设计的优化，减少因设计不合理导致的材料、资源浪费；通过工厂化生产，减少现场手工湿作业带来的建筑垃圾、污水排放、固体废弃物弃置；通过装配化施工，减少噪声排放、现场扬尘、运输遗洒，提高施工质量和效率；通过采用信息化技术，依靠动态参数，实施定量、动态的施工管理，以最少的资源投入，达到高效、低耗和环保。绿色建造是系统工程、是建筑业整体素质的提升、是现代工业文明的主要标志。建筑工业化的绿色发展必须依靠技术支撑，必须将绿色建造的理念贯穿到工程建设的全过程。

建筑工业化的最终产品是房屋建筑。它不仅涉及主体结构，而且涉及围护结构、装饰装修和设施设备。它不仅涉及科研设计，而且也涉及部品及构配件生产、施工建造和开发管理的全过程的各个环节。它是整个行业运用现代的科学技术和工业化生产方式全面改造传统的、粗放的生产方式的全过程。在房屋建造全过程的规划设计、部品生产、施工建造、开发管理等环节形成完整的产业链，并逐步实现房屋生产方式的工业化、集约化和社会化。建筑工业化是以科技进步为动力，以提高质量、效益和竞争力为核心的工业化。建筑工业化之所以成为世界各国发展的大趋势，就是因为工业化可以大大提高劳动生产率、提高房屋建筑的质量和效益，促进社会生产力加快发展，使整个产业链上的资源得到优化并发挥最大化的效益。建筑工业化在行业中具有牵一发而动全身的作用，在推进过程中必须要掌握成套的、成熟适用的技术体系，必须要具备完整的、有机的产业链，两者缺一不可。因此，它是推动整个工程建设领域技术进步和产业转型升级的有效途径。

本书通过研究我国香港及内地建筑工业化发展进程，立足香港建筑工业化先进技术，对比我国与发达国家地区之间的应用基础，采取"产学研用"相结合的研究模式，攻克了建筑工业化精细化设计、工厂化生产、装配式施工、一体化装修、信息化管理等五方面若干关键技术难题，形成一整套技术体系。该体系首次全面系统阐述我国房屋建筑各类预制构件的设计、生产（包括后期装修）、施工以及全过程的信息化管理等整条产业链。

另外，介绍了建筑产业质量管理，工业化建筑的方案与成本分析。最后从中国香港和内地四个典型案例出发，分析了关键技术的推广应用情况和经济社会效益。

通过建筑工业化关键技术的推广应用，极大地增强了企业的核心竞争力，产生了显著的经济效益、社会效益，推动了行业的科技进步，希望为内地推广建筑产业化，促进传统建筑业的转型升级起到引领和示范作用。

由于本书重点介绍了作者对建筑工业化关键技术研究成果及其应用情况，全书难免不够全面，其中还有的技术难题并未列入，有待于将来进一步研究解决。